饮食智慧丛书

儿童营养早餐

让孩子赢在起跑线

吴梅 / 主编

中国医药科技出版社

内 容 提 要

儿童是全家人关注的焦点，而饮食是儿童健康成长的基础，作为合格父母决不可忽视孩子的饮食问题。本书从重视健康饮食早餐的重要性出发，对儿童健康早餐所需要的营养元素、吃早餐的最佳时间、早餐种类及搭配要点等进行了详细的介绍，同时也给出了包括如何提高注意力、记忆力、缓解视疲劳、健脾胃等具体的营养早餐方案，家长可根据孩子的不同饮食需要，为孩子提供相应早餐，为孩子的健康成长助力。

图书在版编目（CIP）数据

儿童营养早餐：让孩子赢在起跑线 / 吴梅主编 . —北京：中国医药科技出版社， 2018.1

（饮食智慧丛书）

ISBN 978-7-5067-9565-4

Ⅰ.①儿⋯ Ⅱ.①吴⋯ Ⅲ.①儿童 – 食谱 Ⅳ.① TS972.162

中国版本图书馆 CIP 数据核字（2017）第 213256 号

美术编辑 陈君杞
版式设计 麦和文化

出版　中国医药科技出版社
地址　北京市海淀区文慧园北路甲 22 号
邮编　100082
电话　发行：010-62227427　邮购：010-62236938
网址　www.cmstp.com
规格　710 × 1000mm $^1/_{16}$
印张　15 $^1/_4$
字数　218 千字
版次　2018 年 1 月第 1 版
印次　2018 年 1 月第 1 次印刷
印刷　北京盛通印刷股份有限公司
经销　全国各地新华书店
书号　ISBN 978-7-5067-9565-4
定价　39.00 元

编委会

主　编　吴　梅

编　委　（以姓氏笔画为序）

于国锋　于富荣　于富强　于福莲

王春霞　王勇强　李思博　肖兰英

宋瑞勇　张运中　张秀梅　陈文琴

周　芳　周　婷　黄　胜　曹烈英

俗语说："早餐吃得像皇帝"。吃一顿丰盛的早餐，对于家中的"小皇帝"能精力充沛地开始一天的学习、活动非常重要。特别是中小学时期，孩子们正处于由儿童发育到成年人的过渡时期，这一时期正是他们体格和智力发育的关键时期，谁能够保证营养充足，就意味着在人生的起跑线上领先一步，比其他人更容易获得成功。

然而，时至今日，早餐的重要性并不为家长们所重视，许多人仍然将早餐视为可有可无的"配餐"，通常马马虎虎、敷衍了事。

为了能够让孩子们在健康的起跑线上顺利迈出第一步，我国营养学家对学校和家长提出了"改善学生早餐现状"的要求，并开展了"学校营养早餐计划"，建立科学的早餐模式，从而为培养孩子良好的早餐行为习惯奠定基础。

为了使父母能够在最短的时间内为孩子准备营养均衡的早餐，本书以早餐搭配方案的形式，介绍了上百种美味可口、营养丰富的早餐，包括主食、汤、沙拉、凉菜等，做到干稀搭配、主副食兼顾，用花样繁多的早餐增进中小学生的食欲，满足他们的营养需要。

除了食谱，本书还介绍了早餐的相关知识和吃早餐对孩子的保健作用，赋予早餐更丰富的内涵，使本书同时具有知识性与实用性，相信一定能够让读者受益良多。

编者

2017 年 8 月

目录

上篇 儿童营养早餐常识

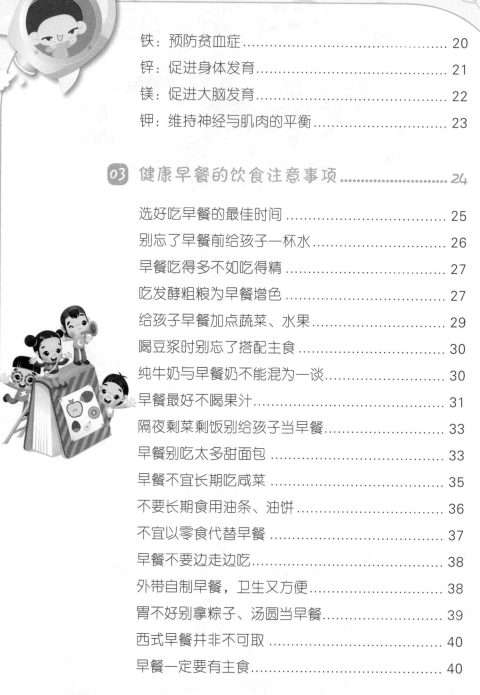

下篇 儿童营养早餐方案

上 篇

儿童营养
早餐常识

CHAPTER

01

健康饮食，从早餐开始

　　经过一夜的休养，身体原本应当恢复正常运作，但是由于睡眠会消耗大量的热量和水分，晨起后人体通常会出现缺水、低血压等不适现象，特别是正在长身体的中小学生，如若出现这种情况后果很严重。如果不及时补充失去的水分和营养，就会影响他们白天的精力和精神状态，因此对于每个孩子来说，吃饱、吃好早餐都非常重要。

吃早餐，为身体健康加油

　　健康的身体是中小学生学习活动的保证，然而这些并非一朝一夕就能实现，所以每天补充适量的营养就显得尤为关键。早餐是一天活力的来源，健康的早餐能提供充足的能量，为孩子的生长发育和学习生活提供最牢固的支持。

① 吃早餐有助于平衡营养

对于正处在生长发育关键期的孩子来说，他们对能量的需求往往超过成人，如果将这些能量集中在午餐和晚餐，极有可能造成两个结果：第一，营养摄取不足，无法满足生长发育所需；第二，如果一次摄入过量营养，不仅无法被机体充分利用，还有可能对健康产生不利影响。每天坚持吃早餐，有助于将一日所需营养合理分配到三餐中，既可以保证营养摄取充足，又可避免营养摄取超量。

② 提高大脑功能

早餐作为一日三餐之始，被称为"启动大脑的开关"，具有改善和提高记忆力、注意力和反应力等能力的作用，努力吃好营养早餐有助于提高学习质量。

③ 提高对维生素和矿物质的吸收

正在长身体的孩子由于发育速度加快、能量消耗加大，再加上偏食挑食，极有可能造成维生素、矿物质等微量元素的缺乏。除了及时补充这些物质外，最根本的方法是提高机体对维生素和矿物质的吸收，否则不论吃多少也只是浪费。吃早餐有助于避免肠胃因为"空转"造成"磨损"，并能提高肠胃消化吸收功能，从而更加有效地发挥和利用食物的作用。

4 减少糖尿病的危险

儿童糖尿病多发生在中小学阶段，一般认为是由于自身生理特点导致体内胰岛功能发生障碍或其他原因引起糖、脂肪和蛋白质代谢的紊乱造成的。儿童糖尿病的发病率在我国呈逐年上升的趋势。吃早餐可以减少儿童患糖尿病的风险，早餐能刺激胰岛素释放，具有稳定血糖的作用。

5 提高人体抵抗力

想要增强孩子抵抗力，并不一定要吃高营养、高蛋白的补品，通过吃早餐也可以达到此目的。很多食物都有提高抵抗力的作用，合理搭配食用就可以使孩子获得充足的营养来保持机体的健康状态。

6 吃早餐可以保持健康体重

肥胖和超重已经成为中小学生的主要营养问题，为了不让孩子被冠上"小胖墩""胖丫头"的"雅号"，不少家长都用节食、运动的方法控制孩子的体重。其实除了节食、运动外，吃早餐也可以起到保持体重的作用。

7 **提高自身的适应力**

早餐能够为孩子提供充足的营养，使他在上午都保持充沛的精力，能够适应任何环境。特别是在学习压力较大的时候，吃早餐可以调节体能、放松心态，在精神上为一天的学习做好更充分的准备，以便迎接来自压力的挑战。

忽视早餐容易致病

早餐就像一把双刃剑，吃对了是身体健康的保障，吃错了反而致病。在日常生活中，很多家长对孩子的早餐很不重视，养成了不给孩子吃早餐的习惯。有的家长虽然为孩子准备了早餐，但由于早餐吃得不当，同样给孩子的健康造成了一定的影响。

对于中小学生来说，这一时期正是长身体、长知识的重要时期，如果不吃早餐或早餐吃得马马虎虎，不仅会出现反应迟钝、注意力不集中、免疫力低下等亚健康问题，严重时还有可能引发相关疾病。

低血糖症

通常情况下，孩子空腹时的正常血糖水平在3.6~6.1mmol/L，口服葡萄糖后2小时小于7.8mmol/L。但经过一夜睡眠以后，血液中的葡萄糖被大量消耗，如果不能立即补充热量和营养物质，孩子上午学习、活动所需的能量就得不到保证。由于学习、活动需要大量动用脑和肢体，能量不断会被消耗，因此会造成血糖下降。长此以往，如血糖持续处在较低水平时，就加大孩子患低血糖症的危险。

消瘦

准确来说，消瘦并不是一种疾病，而是一种症状，不要小看这个症状，它会对孩子的智力、身体发育造成极大的危害。引起消瘦的原因与忽视早餐有极大的关系，如果不吃早餐或者早餐吃得不好，身体因为缺少相对稳定的热量，只能利用肌肉中的肌糖原和肝脏里的肝糖原来维持血糖含量，长此以往身体就会消瘦。

胆结石

胆结石已经不再是成人的"专利"病，孩子在中小学阶段，由于学习紧张、课余活动较少极容易使血液内胆固醇浓度增高，继而导致胆汁中胆固醇浓度升高。如果不吃早餐，一上午空腹，胆囊就会连续几个小时处于静止状态，胆汁无法通过胆囊收缩将胆固醇从身体排出。长此以往，胆固醇在胆囊中越积越多，最后因为"超饱和"沉淀于胆汁中，增加患胆结石的概率。

胃炎、胃溃疡

有人将胃比作一个"气球"，如果每天定时对气球"吹气"，有助于增加气球弹性，如果长时间不吹气，突然将气球吹大，气球有可能会发生爆炸。同样，作为一个能够收缩膨胀的器官，由于一夜未进食，胃部通常会在早晨收缩至极限，如果直到中午才进食，就有可能因胃部急剧膨胀而造成胃黏膜撕裂，长此以往必将引发胃炎。此外，当胃部长期处于饥饿状态时，会加快胃酸分泌，还对胃黏膜造成损害，增加了患胃溃疡的危险系数。

便秘

目前临床研究表明，孩子在6~14岁这一阶段所患便秘，绝大多数都为功能性便秘。功能性便秘是指非全身疾病或肠道疾病引起的原发性持续性便秘，也被称为单纯性便秘或习惯性便秘。便秘主要是由于结肠功能失调引起的。人之所以会产生便意，是因为粪便形成后，结肠通过蠕动将其推向乙状结肠贮留。当人体进食后，胃结肠反射就会形成，继而产生排便反射，完成排便过程。但是，胃结肠反射的产生需要一定的条件，即三餐必须定时，否则胃结肠反应就会出现失调，并随时间的推移失调加重，引发便秘。

CHAPTER 02

健康早餐所需要的营养元素

对于孩子来说，吃早餐的目的之一就是为上午的学习和活动储存足够的能量。然而，并不是所有的营养素都是能量的来源，聪明的家长在制作早餐之前要学会"挑挑拣拣"，保证为孩子提供身体最需要的营养元素。

蛋白质：提高孩子记忆力

蛋白质是大脑细胞的构成原料，也是大脑的主要组成部分之一。例如，大脑皮质的蛋白质重量占其干重的 1/2，白质中蛋白质占其干重的 1/3，周围神经的蛋白质约占其干重的 1/4。除了这些"原住民"外，神经细胞也在持续合成新的蛋白质，虽然合成数量较少，却能补充大脑发育以及运作时的耗损。不要小看大脑中的蛋白质，它们对提高孩子的记忆力有极大的帮助。

1 提高脑细胞活性

孩子记忆力下降的一部分原因是脑细胞活性降低导致脑功能衰退引起的。造成脑细胞活性降低的原因很多，如学习压力过大、睡眠不足、过度疲劳等,这些因素均会对记忆力产生不良影响。蛋白质的作用就是不断激活脑细胞,使它们脱离休眠状态,提高大脑活性。例如,蛋白质具有修复功能,一旦脑细胞由于各种原因受到损伤,它就能立刻采取相关措施,使受损的细胞恢复健康。再如,蛋白质是一种活性物质,可以促进新陈代谢,能为大脑提供充足的氧气,使细胞的活跃性得到增强。

2 蛋白质为大脑细胞提供养分

在大脑内有一种树突状神经细胞,神经细胞上的树突越多,它接受的信息就越多,神经细胞的功能就会越强。与其他脑细胞一样,构成树突状神经细胞的原材料之一也是蛋白质,当一种记忆产生后,如果没有蛋白质的巩固,对某事物的记忆就会像蜻蜓点水一般消失。只有当大脑细胞拥有足够的蛋白质作为后盾,才有条件增加树突的数量,使其形成更多的神经回路网,构建出强大的"记忆之城"。

蛋白质可以巩固和提高记忆力,除了人体可自行合成外,还可以从食物中获取。按照食物来源不同,蛋白质可分为动物性蛋白质和植物性蛋白质两种。在动物性蛋白质中,鱼、禽、蛋、瘦肉属于优质蛋白,其中鸡蛋的蛋白质与人体蛋白质最接近,故其利用率高达99%;在植物性蛋白质中,豆类的蛋白质最丰富,营养价值最高。应当注意的是,由于动物性食物中含有脂肪、嘌呤、胆固醇等成分,过多食用对健康不利,在吃早餐时应当将其与植物性蛋白质配合食用。

当然,蛋白质不是摄入的越多越好,摄入过量会引发骨质疏松、增加肾脏负担等。

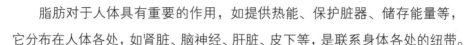

脂肪：各类营养之间的纽带

脂肪对于人体具有重要的作用，如提供热能、保护脏器、储存能量等，它分布在人体各处，如肾脏、脑神经、肝脏、皮下等，是联系身体各处的纽带。

促进维生素吸收

维生素按其溶解性不同，主要分为两大类：脂溶性维生素和水溶性维生素。其中，脂溶性维生素是指只能溶解于脂肪的维生素，如维生素 A、维生素 D、维生素 E、维生素 K。含有这些维生素的食物必须与脂肪一同烹饪才能分解，从而被人体充分吸收利用。例如，用油炒过的胡萝卜比生胡萝卜的营养价值更高。

减少膳食纤维的"副作用"

膳食纤维具有较强的吸附性，能吸附体内多余的脂肪，并刺激肠道蠕动，将脂肪及废物排出体外。不过，膳食纤维也会出现副作用，由于吸附性过强，膳食纤维很可能会影响到人体对蛋白质以及某些微量元素的吸收，脂肪在这里就能起到"挡箭牌"的作用。此外，脂肪还能起到"润滑油"的作用，在帮助膳食纤维发挥作用的同时，还能令其与肠道保持安全"距离"，避免肠道因频繁摩擦而出现不适反应。

在矿物质的帮助下提高代谢率

脂肪不仅能为蛋白质、膳食纤维提供帮助，其本身也是受益者。以碘为例，碘是甲状腺正常运作的动力，它与酪氨酸一同促进甲状腺合成甲状腺激素。甲状腺激素的作用之一，就是加速脂肪水解，释放出能量供人体正常运作，使机体更好地吸收其他营养元素。

在食物中，脂肪的来源主要包括四类：第一类是植物油，如芝麻油、花生油、菜籽油、黄豆油、玉米油、葵花子油、棉籽油等，这些油中含有较多的必需脂肪酸；第二类是动物油，如猪油、牛油和奶油等；第三类是坚果和豆类，如核桃、腰果、松子、芝麻、大豆等；第四类是肉类，如鱼、肉、禽等。应当注意的是，豆类食品、动物脂肪以饱和脂肪酸为主，植物油中大多为不饱和脂肪酸，包括许多必需脂肪酸，例如亚油酸、亚麻酸等。

碳水化合物：让脑筋开动起来

很多家长都反应孩子经常注意力不集中，思维不灵敏，不愿意动脑筋，为了改善这一问题，不少爱子心切的家长纷纷购买补脑保健品，结果却不甚理想。其实，对于经常用脑、大脑正处于发育阶段的中小学生来说，"补多少"固然重要，如何"正确补"才是更重要的。

碳水化合物俗称"糖类"，主要功能是为人体提供能量。在人体中，大脑是消耗能量最多的器官，约占总消耗量的20%，由此可见，碳水化合也是大脑重要的能量供应物质之一。

1 减少大脑组织不必要的消耗

为了维持正常的生理功能，大脑需要摄取充足的葡萄糖，由于大脑中葡萄糖含量很少，不得不利用血液中的血糖来供给能量消耗。一旦人体处于饥饿状态时，血液中的血糖含量就会降低，大脑中的血糖含量也会相应减少。为了使大脑运作不至于中断，脑组织在此时就会发出指示，利用脂肪分解后产生的酮体作为能源，保持大脑功能正常。但这样一来，就会对脑功能造成一定损害。因此，在每日膳食中必补充适量碳水化合物。

2 及时为大脑提供能量消耗

蛋白质、脂肪都能为人体提供能量，但这两种营养元素的分解速度不及碳水化合物。碳水化合物分解的途径有两种，第一种是在氧气不充足、人体又急需能量的情况下，碳水化合物能迅速分解成乳酸，释放出能量。这种能量的维持时间虽然很短，但是由于分解速度非常快，完全能满足人体所需。第二种是在氧气充足的情况下，碳水化合物经过充分代谢分解成水和二氧化碳，释放出能量。这种有氧分解的优点在于分解物可以直接排出体外，对肾脏不会造成伤害。

碳水化合物按照形式、数量及人体吸收速度可分为三种类型，即单糖类、双糖类、多糖类。其中，单糖（果糖、葡萄糖、半乳糖）和多糖（蔗糖、乳糖、麦芽糖）又称简单碳水化合物，能很快进入血液转化为能量，并被人体迅速消耗，无法提供中小学生一上午的能量所需。多糖类（麦芽糖糊精、淀粉）又称复合碳水化合物，在人体内停留的时间较长，并且吸收速度较慢，摄入后有充足的时间被人体吸收，在相对较长的时间内可以使碳水化合物的供给保持在理想水平，使大脑处于一个相对稳定的状态，维持大脑细胞的活跃性。

维生素 A：让眼睛看得更清楚

对于中小学生来说，用眼与用脑同样重要。经过一夜的睡眠后，眼睛原本应当是各器官中最"舒服"的一个，但由于干燥缺水，不少孩子在清晨起床后出现眼睛干涩、发胀甚至模糊等不适症状。维生素 A 具有多种生理功能，它与眼睛的正常发育有着密切的关系。

1 维生素 A 保证眼角膜健康

维生素 A 是维持人体上皮组织正常机能所必需的一种物质，眼睛中的上皮组织就是眼角膜。经过一天的学习或生活后，眼角膜细胞通常会由于长时间用眼出现损伤。维生素 A 能够修复受损的眼角膜细胞，并使没有受损的眼角膜细胞保持健康状态。如果缺乏维生素 A，很容易使孩子患上眼干燥症，症状为眼睛常有疲劳感、怕光、爱眨眼、眼屎增多、眼睛发干等。

2 提高眼睛暗视力

简单来说，暗视力就是在黑暗处的视力，是眼睛对黑暗环境的适应能力。眼睛之所以具有这种功效，是因为在视网膜中存在一种叫作视紫红质感光物质的物质。打一个形象的比喻，如果将眼睛比作照相机，视紫红质就是底片，当照相机装上底片后，才能显示出图像。感光物质视紫红质是由维生素 A 与视蛋白合成的，想要眼睛在黑暗中保持一定的视物感，就一定要补充维生素 A。

天然维生素 A 主要存在于动物性食物，如动物肝脏。除了动物性食物外，植物性食物中维生素 A 含量相对较少，但部分蔬菜水果含有丰富的胡萝卜素，胡萝卜素进入人体后，经过肝脏的分解就会转化为维生素 A。日常饮食中，富含胡萝卜素的食物主要有红黄色蔬菜、水果，绿叶菜中也含有较多的胡萝卜素，颜色越深，胡萝卜素的含量就越多。

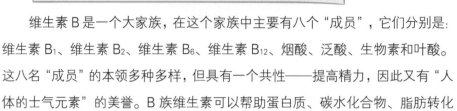

维生素 B：提高精力不打瞌睡

维生素 B 是一个大家族，在这个家族中主要有八个"成员"，它们分别是：维生素 B_1、维生素 B_2、维生素 B_6、维生素 B_{12}、烟酸、泛酸、生物素和叶酸。这八名"成员"的本领多种多样，但具有一个共性——提高精力，因此又有"人体的士气元素"的美誉。B 族维生素可以帮助蛋白质、碳水化合物、脂肪转化为能量。

1 促进神经系统健康

神经系统健康是保持充沛精力的前提之一，维生素 B 可有效稳定神经系统，例如维生素 B_6 可协助谷氨酸代谢，生成 γ - 氨基丁酸，γ - 氨基丁酸对神经系统起抑制作用，防止神经系统过度兴奋产生疲劳感或紧张感。

2 帮助肝脏解毒

肝脏是人体最大的解毒器官，能够将体内毒素分解成容易排出的水溶性物质。如果肝脏功能较弱，无法完全分解的毒素就也会损害肾脏，也会随血液通过大脑血脑屏障进入大脑，损害脑组织。同时，毒素还会降低血液的携氧量，造成大脑供氧不足，使大脑产生疲倦、混沌感。维生素 B 的作用就是保护肝脏，提高肝脏解毒功能，使大脑时刻处于清醒状态，保持充沛的精力。B 族维生素的食物来源较广泛，包括植物性食物和动物性食物。

B 族维生素的食物来源

名称	植物性食物	动物性食物	摄取量（日）
维生素 B_1	豆类、花生等	猪肉、牛肉、羊肉、肝脏等	1.0～1.5mg
维生素 B_2	豆类、绿叶蔬菜、野菜等	肝脏、心肾、牛奶、蛋类等	1.2～1.7mg
维生素 B_6	坚果、绿叶蔬菜、粗粮、黄色水果等	瘦肉、肝脏等	1.6～2.0mg
维生素 B_{12}	豆类及其制品（豆腐乳、黄豆酱油、黄酱、豆豉等）	肝脏、牛肉、猪肉、蛋类、牛奶、奶酪等	2.4μg
泛酸	菇类、豆类、酵母	肝脏、心肾、蛋黄等	2～5mg
烟酸	粗粮、豆类、蔬菜等	肝脏、瘦肉、牛奶等	5～15mg
生物素	坚果、谷类、酵母等	肝脏、肾脏、乳制品、鱼类等	20～30μg
叶酸	坚果、豆类、酵母、绿叶蔬菜、水果等	肝肾、鸡蛋等	400μg

维生素C：保持一天好心情

俗话说，"一日之计在于晨"，想要整天都保持良好的状态，首先就得有一个好的心情。好心情不仅可以通过休闲娱乐获得，也可以通过食物来获得。营养专家认为蔬菜和水果是"快乐食物"，早餐进食此类物质可使心情愉悦。为什么说蔬菜和水果是"快乐食物"呢？这就要从早晨情绪低落的原因说起。

维生素C和血清素

情绪变化的原因之一是受到血清素水平变化的影响，当血清素保持在正常水平时，情绪就会保持平稳。相反，血清素水平降低，情绪就会出现一定的变化，表现为易怒、烦躁、紧张等。维生素C能够保持血清素水平的平衡，有助于放松身心，特别是在早餐时吃富含维生素C的食效果更显著。

维生素C和多巴胺

多巴胺与血清素一样，是一种大脑化学物质，能够为大脑提供能量与动力，提高人们对快乐的感受能力。多巴胺与维生素C有密切的联系。维生素C进入人体后，通常会分布在肾上腺和脑垂体，能够参与多巴胺的合成，刺激大脑分泌多巴胺，从而改善大脑的化学状态。所以早餐吃含维生素C的食物可以让孩子们一早就能感受到快乐，并将这种快乐延续一整天。

维生素C的主要来源是蔬菜和水果，特别是水果中维生素C的含量非常丰富。应当注意的是，水果的不同部位维生素C的含量也有不同，如苹果皮的维生素C含量就比果肉高出2~3倍。蔬菜中的维生素C含量相对水果来说比较少，但由于经常大量食用，通常情况下进食蔬菜补充维生素C也能起到较好的效果。这就解释了为什么说蔬菜和水果是"快乐食物"。

维生素 D：促进钙质更好吸收

专家指出，在补钙的同时还要补充维生素 D，维生素 D 是促进人体钙吸收不可缺少的物质。在维生素 D 中，最常见的是维生素 D_2 和维生素 D_3。可促进钙质吸收的是维生素 D_3。

维生素 D_3 在小肠中

维生素 D_3 作为一种活性代谢物，可以诱发出一种蛋白质，这种蛋白质能与钙离子结合，然后将钙离子运输到血液中，使血液中的钙离子浓度保持在相对平衡的状态。除了作为载体向血液输送钙离子外，这种蛋白质还可提高小肠黏膜的通透性，使钙质"穿过"小肠壁直接进入血液，提高人体对钙质的吸收。

维生素 D_3 在肾脏中

肾脏是调节血钙浓度的重要器官之一，当胃肠道吸收适量钙质后，钙质就会通过血液循环进入肾脏，肾脏会根据钙质的多少决定吸收和排泄的钙量。一旦肾脏功能减弱，肾脏对钙的吸收就会减少，尿钙明显增加，造成钙质大量流失。维生素 D 进入小肠后，经过血液输送到肝脏后会转化为钙二醇，然后在肾脏转化为钙三醇。钙三醇具有极高的激素活性，能促进肾脏对钙质的吸收，从而减少钙质流失。

在维生素家族中，维生素 D 是唯一能由人体自行合成的元素，但由于人体的合成量远远低于孩子生长发育所需，所以需要从食物中额外补充。早餐是补充维生素 D 的好时机，这时的胃肠正处于空乏状态，食物中的营养元素可以很快被吸收，有助于间接提高维生素 D 的生理功能。

维生素 D 的主要食物来源有蛋黄、肝脏、海鱼、瘦肉、乳酪等动物性食品。

中国营养学会推荐，在钙磷比例适当的前提下，儿童每日膳食中维生素 D 的供给量为 10 微克即可促进钙质吸收，满足生长发育所需。早餐可酌量减少。

β–胡萝卜素：提高身体免疫力

想要提高孩子的免疫力，首先就应当提高其免疫系统功能。就目前研究来看，对免疫系统影响最大的物质就是自由基。

β–胡萝卜素是一种有效的脂质抗氧化剂，它能够"杀灭"多余的自由基，又能根据人体所需转化为维生素 A，修复已经受损的细胞组织，保护咽喉、肺部、口腔和鼻腔黏膜的安全，还能起到抗感染的作用。

β–胡萝卜素最丰富的来源是绿叶蔬菜和黄色、橘红色的水果，如胡萝卜、青椒、红薯、西兰花、韭菜、洋葱、南瓜、菠菜等。

由于胡萝卜素进入人体后会转化为维生素 A，因此每日摄入量应参考维生素 A 的相关数据。

钙：适量补钙孩子更健康

钙摄入量过低可致钙缺乏症，主要表现为骨骼的病变，即儿童时期的佝偻病和成年人的骨质疏松症。故适量补钙有益于孩子的生长发育。

钙质是孩子骨骼强健、牙齿坚固的基础

钙在人体中的占比较大，儿童含钙量占体重的 1.5%~2%。其中约有99％的钙存在于骨骼和牙齿中，如果钙质摄入不足，就会直接导致骨骼、牙齿中的钙量减少，极易造成骨质疏松、牙齿松动、发育缓慢等问题。

1

钙质能保证神经系统功能正常

神经系统得以正常运作的一部分原因是它能合成神经传导物质，将信号传递到人体各处。钙质的作用就是促进这种物质合成，维持神经正常的感应性，对肌肉的调节、血液凝固和心肌正常节律活动具有积极的作用。如果缺钙，就会导致神经传递紊乱，孩子就有可能经常出现抽筋、流鼻血不止等问题。

2

钙质提高大脑活性

钙质被称为大脑组织的"稳定剂"，如果大脑缺少钙质，孩子就会出现注意力不集中、多动、记忆力差等问题。钙质对大脑细胞的异常活跃具有抑制作用。特别是当孩子由于学习压力过大显得焦躁不安时，持续、适当补钙能使情绪恢复稳定。

钙质还具有其他作用，如它参与细胞代谢过程，改善皮肤瘙痒、神经过敏、湿疹等不适。但是，这并不意味着孩子补钙越多越好。

高血钙引起高尿钙，同时有多尿、夜尿多、口渴多饮。因此，补钙时应当把握一个"度"。中国营养学会建议，中小学生每日补充1000毫克，早餐摄取钙质 1/3，钙量等于 30 毫克左右。

应当注意的是，不少家长一致认为骨头汤的含钙量是最高的，其实除了骨头汤外，豆类及其制品、虾皮、奶制品含钙量也很高。甚至有些蔬菜，如雪里蕻、小白菜、芹菜、香菜、茴香、油菜等也含有较高的钙质。

3

磷：骨骼牙齿构造者，平衡体内能量转换

磷与钙一样，是构成骨骼、牙齿和神经组织的重要成分。磷除了是构成牙齿与骨骼的基础外，还能平衡体内营养转换。人体中有核糖核酸(RNA)和脱氧核糖核酸(DNA)，它们是构成基因的物质基础，能够促进脂肪、脂肪酸和碳水化合物的代谢。磷是核糖核酸和脱氧核糖核酸的组成部分，可以直接参与到代谢过程中，刺激脂肪和碳水化合物释放能量。除此之外，磷还存在于肌肉细胞中，能产生一种叫作磷酸肌酸的化合物，可以在很短的时间内为机体提供能量。

磷除了在人体中广泛分布外，其食物来源也是多种多样，几乎涵盖了所有的食物。只要孩子饮食正常，机体一般不会缺磷。

铁：预防贫血症

铁是一种微量元素，在机体内以两种化合物形式存在，一是具有生理功能的化合物，包括能运送氧气的血红蛋白，这种血红蛋白能贮存氧，在肌肉收缩时释放出氧；另一种化合物仅起贮存铁的作用，在孩子身体出现暂时性膳食低铁时，可作为铁的额外供应维持机体铁平衡。这部分化合物又包括两种形式，即铁蛋白和含铁血红素。铁蛋白存在于血浆中，在一定程度上能反映铁的贮存情况。当铁缺乏时，贮存铁就会不断地被释放出来形成具有生理功能的铁化合物。因此，为了保证贮存铁能随时"出征"，通常有60%的铁蛋白在血浆中呈游离状态，当其浓度降低到15%以下时，就有可能发生缺铁性贫血。

由此可见，铁元素与贫血具有密切的关系。一方面，铁能参与血蛋白、细胞色素以及各种酶的合成；另一方面，铁还能起到"运输"的作用，将血液中的氧气和营养物质输送到人体各处，提高人体对血液的"利用率"，可以使孩子脸色红润，皮肤更有光泽。

为了使孩子更好地吸收铁元素，家长在早餐中应适当增加含铁的食物。铁元素的食物来源有动物性食物和植物性食物。动物性食物中，如肝脏、鱼类、鸡鸭猪血、红肉、蛋类含有丰富的血红素铁；植物性食物中，如菠菜、雪里蕻、黑木耳、海带、芝麻、苋菜、油菜、白菜中的非血红素铁比较丰富。

补铁不是越多越好，研究发现，若食物中已含有足够量铁时，继续补铁会影响孩子的生长发育。

锌：促进身体发育

锌在人体内含量为 1.4~2.3 克。锌含量虽然相对较少，但对人体具有非常重要的生理功能，它是孩子正常生长发育与性成熟必需元素，享有"生命之火元素"的美称。

① 锌让孩子长得更高

身材矮小的孩子除受遗传基因影响外，也可能是因为免疫细胞受到抑制或遭到感染，使其复制功能减慢，聚合酶活力降低而造成的。细胞复制功能和聚合酶活性影响人的身高，它们出现问题后就会导致蛋白质合成障碍，使身体生长发育受阻。锌可以与细胞膜类脂中的磷酸根和蛋白质中的硫质相结合，使细胞膜更加稳定，减轻组织损伤，并促进聚合酶活力。此外，锌对胶原组织的形成、骨骼生长、生长激素的合成等方面也有直接影响，对孩子的身高以及发育能起到决定性作用。

2 锌能提高智力

相关专家指出，中小学生补锌有利于提高其智力，补锌就相当于补智。锌对蛋白质合成有重要的作用，同时还能提高蛋白质的活性，使大脑对蛋白质的吸收更充分。

在日常生活中，除了遵循医嘱补充锌剂外，一般是从食物中获取锌元素。动物性食物中的贝类、虾蟹、肉类、内脏等含锌丰富。植物性食物中的干果类、谷类胚芽和麦麸、花生等含锌量较高，油脂类和果蔬类的含锌量很低。

补锌应适量，摄入过量的锌会造成体内维生素 C 和铁含量减少，抑制铁的吸收和利用，从而引起缺铁性贫血。

镁：促进大脑发育

镁在人体新陈代谢中起着举足轻重的作用，它能够参与各种酶的活动，特别是能够参与脑细胞代谢的酶更需要有镁的帮助。

儿童和青少年正处于发育阶段，神经系统往往不够稳定，为了维持中枢神经系统的机构与功能，就需要镁参与二磷酸腺苷与三磷酸苷之间一系列磷酸化和脱磷酸的往复逆转反应。此外，镁还能在抑制神经、肌肉传导兴奋性的同时，保证脑细胞活性，使大脑发育更完善。

镁广泛存在于植物性食物中，紫菜、香蕉、小米、荞麦、燕麦、面粉、大麦、玉米、豆类及其制品等均是镁的良好来源，肉类和动物内脏中的镁含量也较高。

钾：维持神经与肌肉的平衡

孩子一早醒来有气无力，身体疲倦、无精神，不少人都以为是睡眠时间不足引起的，很少有人想到出现这种现象可能是因为孩子体内缺少钾元素而造成的。

钾离子是维持正常生命活动所必需的电解质之一，它可以维持细胞内外液之间渗透压和酸碱平衡，也可以维持神经肌肉的正常兴奋性。特别是在夏季，活泼好动的孩子很容易因为流汗过多导致钾元素流失，倘若体内没有充足的钾离子，就会出现食欲不振、疲乏无力、倦怠、心悸等一系列不适反应。

不过，专家指出，除非缺钾情况十分严重，一般情况下无须给孩子刻意补钾，每日多吃一些富含钾的食物即可。紫菜、海带、菠菜、苋菜、青蒜、大葱、蚕豆、毛豆、荞麦面、玉米面、芋头、红薯、香蕉、西瓜等都是钾的良好食物来源。

03

健康早餐的饮食注意事项

　　有人认为，早餐一定要吃得可口，美味的食物能让孩子从一早就精力充沛；有的人则认为，早餐一定要吃得科学，这是孩子成长的保证。于是，可口与科学就成为健康早餐的主题。如何在这一主题下充分发挥"创造性"，是父母们都应当深思的问题。

选好吃早餐的最佳时间

不少家长每天很早起床，为孩子准备早餐。只待孩子一起床，就将热气腾腾的早餐端到他的面前。这种做法固然可以保证孩子有充足的时间吃早餐，不必过于匆忙，从另一个角度来看却有可能给孩子健康带来隐患。

在睡眠过程中，人体大部分器官都早早进入"休息"状态，只有消化器官仍然需要对晚餐进行消化、吸收，通常一直会"劳作"到凌晨。如果吃早餐的时间过早，胃肠道就无法获得充足的休息，休息不够就开始接受新的消化任务，长此以往消化系统就会因为过于疲劳而使胃肠运作受到影响，容易造成消化不良、食欲不振等问题。

此外，如果吃早餐的时间过早，就会造成早餐与午餐相隔时间过长，孩子因为上课或活动无法及时进食，从而使肠胃处于"空转"状态，这种无负载的运转不仅会对肠胃造成损害，还会影响注意力的集中。

为了保证孩子在上午都可以保持良好状态，早餐与午餐的时间间隔应为4~5小时，因此可以推算出吃早餐的最佳时间在早晨7~8点之间。这个时间孩子的食欲最佳，不会因缺乏食欲而挑食、偏食。

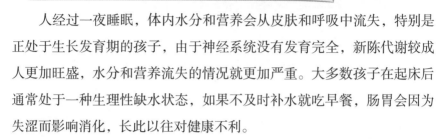

别忘了早餐前给孩子一杯水

人经过一夜睡眠，体内水分和营养会从皮肤和呼吸中流失，特别是正处于生长发育期的孩子，由于神经系统没有发育完全，新陈代谢较成人更加旺盛，水分和营养流失的情况就更加严重。大多数孩子在起床后通常处于一种生理性缺水状态，如果不及时补水就吃早餐，肠胃会因为失涩而影响消化，长此以往对健康不利。

因此，家长不要急于让孩子一起床就吃早餐，而是让他先喝一杯水。空腹饮水既能促进肠胃吸收，又可以对人体器官起到洗涤作用，改善器官功能，防止疾病的发生。

1 喝水时间 越早越好

"时间早"并不是指半夜将孩子叫醒喝水，而是一起床就要喝水。由于肠胃吸收水分需要一定时间，如果喝水时间过晚就会使孩子因为肠胃胀满影响食欲。此外，餐前喝水容易影响食物的消化，因此喝水时间最好在洗漱前，与早餐时间间隔30分钟左右适宜。

2 水温 不宜过低

有的人认为，早餐喝凉开水更利于肠胃蠕动。不过对于孩子来说，由于其肠胃比较敏感，早晨喝凉水容易引起腹泻。因此，早餐前最好喝温水，水温以不烫嘴适宜。除了凉开水外，低于体温的牛奶、果汁等最好也不要饮用。

3 水中 不宜加盐

晨起后如喝淡盐水，早餐时又摄入一定盐分，极易造成盐分摄入过多，非但无法补充机体缺少的水分，还会增加机体对水的需求量，很可能造成或加重高渗性脱水。除了淡盐水外，比较咸的汤品也不适合在早餐食用。

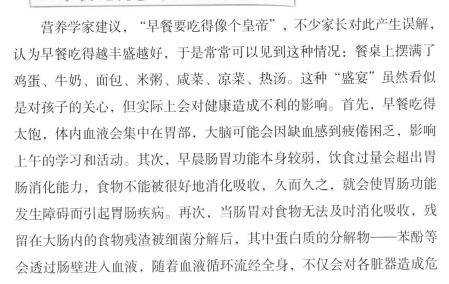

早餐吃得多不如吃得精

　　营养学家建议，"早餐要吃得像个皇帝"，不少家长对此产生误解，认为早餐吃得越丰盛越好，于是常常可以见到这种情况：餐桌上摆满了鸡蛋、牛奶、面包、米粥、咸菜、凉菜、热汤。这种"盛宴"虽然看似是对孩子的关心，但实际上会对健康造成不利的影响。首先，早餐吃得太饱，体内血液会集中在胃部，大脑可能会因缺血感到疲倦困乏，影响上午的学习和活动。其次，早晨肠胃功能本身较弱，饮食过量会超出胃肠消化能力，食物不能被很好地消化吸收，久而久之，就会使胃肠功能发生障碍而引起胃肠疾病。再次，当肠胃对食物无法及时消化吸收，残留在大肠内的食物残渣被细菌分解后，其中蛋白质的分解物——苯酚等会透过肠壁进入血液，随着血液循环流经全身，不仅会对各脏器造成危害，还容易引发相关疾病。

　　对于正处于生长发育阶段的学生来说，早餐不一定吃得越多越好，只要饭菜质量高、搭配合理科学就可以。什么样的早餐才算是合理搭配呢？《中国居民膳食指南》提出，儿童三餐总热量为 2000 千卡左右，早餐应占 25%~30% 左右。热量来源主要包括蛋白质、脂肪和碳水化合物三种物质。

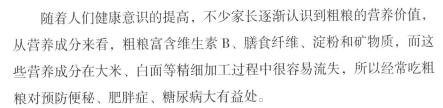

吃发酵粗粮为早餐增色

　　随着人们健康意识的提高，不少家长逐渐认识到粗粮的营养价值，从营养成分来看，粗粮富含维生素 B、膳食纤维、淀粉和矿物质，而这些营养成分在大米、白面等精细加工过程中很容易流失，所以经常吃粗粮对预防便秘、肥胖症、糖尿病大有益处。

　　然而，对于正处于生长发育阶段的孩子来说，粗粮是否有益健康就要另当别论了。例如，粗粮营养虽然丰富，但由于含有大量的膳食纤维，

会影响孩子对蛋白质、矿物质和微量元素的吸收，食用不当反而会造成营养不良。再如，粗粮含碳水化合物较少，膳食纤维又很容易使人有饱腹感，很短时间就会使孩子感到饥饿，影响上课状态。

专家建议，将粗粮作为孩子的早餐时，最好先将其进行发酵。发酵后的粗粮有很多好处。

1 口感更佳

发酵后的粗粮部分膳食纤维被"破坏"，使其口感明显变软，使孩子更容易接受。此外，在制作发酵粗粮时，如蒸荞麦馒头、玉米饼子时，加入少许牛奶、豆粉、红枣、核桃等辅料会让食物更加香甜。

此外，当粗粮"软化"后，膳食纤维对胃肠道的负担也会相应减轻，不会造成腹胀、消化不良等症状。

2 营养更丰富

粗粮在发酵过程中会产生一种酵母菌，这种酵母菌除了能使粗粮保留蛋白质、碳水化合物外，还可以防止 B 族维生素在烹饪时遭到破坏，使其最大限度地被保留下来。B 族维生素是消除疲劳必不可少的营养素，对学习压力大的中小学生尤其有益。

3 提高人体对营养的吸收

粗粮中的酵母菌对粗粮中的某些酶（如植酸酶）起良性刺激作用，促使其分解植酸，使粗粮中的钙、铁、锌等元素更易被人体吸收。

值得注意的是，在发酵粗粮时一定要使用品质高的酵母，否则就会影响发酵效果，无法保证粗粮的口感和营养。粗粮发酵的方法很多，如制作粗粮蛋糕、粗粮馒头、粗粮包子、粗粮面条、粗粮杂菜饼等，相信这些花样繁多的"粗粮家族"会为早餐增色不少。

给孩子早餐加点蔬菜、水果

为了保证孩子在上午能精力充沛地学习、活动，不少家长只选择牛奶、米饭、鸡蛋、火腿等食物作为孩子的早餐，忽略了蔬菜和水果。蔬菜、水果是有名的碱性食物，与酸性食物搭配食用既可保证孩子获取充足的营养，又能达到膳食酸碱平衡，使精力更加充沛。

除了平衡酸碱外，早餐吃点蔬菜、水果还具有以下好处。

防止贫血

从蔬菜、水果等植物性食物中获取铁更加安全。蔬菜和水果中含有丰富的铁元素，其中以绿叶蔬菜以及深色水果最优，蔬菜水果中含有的维生素 C 和有机酸可以促进人体对铁元素的吸收。

此外，蔬菜和水果中富含叶酸，它能促进骨髓中红细胞的发育，延长红细胞的存活寿命，提高人体造血能力。

促进排便

经过一夜的消化吸收，晚餐吃的食物一部分化为精华被身体吸收，另一部分则到了大肠中生成粪便。为了减少宿便在体内的停留时间，应当养成晨起后排便的习惯。蔬菜、水果中富含矿物质以及膳食纤维，有助于促进肠道蠕动，加快粪便排解速度，让排便更加通畅。

早餐中的蔬菜不宜烹炒，将其做成蔬菜粥、素菜包子（或饺子）、凉拌菜、生菜沙拉等适宜，也可以与面包、火腿和鸡蛋做成三明治。水果的吃法相对来说简单一些，生吃或做成水果酸奶沙拉即可。

喝豆浆时别忘了搭配主食

豆浆是一种豆制品，它含有丰富的植物性蛋白质，对于中小学生来说是不可多得的优质蛋白来源。特别是在家自制豆浆时，很多家长在豆浆中加入核桃、红枣、腰果、黑芝麻等辅料，认为即使孩子不吃其他食物，也能获得充足的能量和营养。其实不然，豆浆虽然营养丰富，空腹饮用却等于"竹篮打水"，再多的营养也无法贮存在体内。

从营养的角度来说，豆浆中的蛋白质确实非常丰富，然而如果没有其他食物"陪同"进入肠道中，不仅不易被肠道吸收，还会代替淀粉、碳水化合物作为热量被人体消耗，使优质蛋白质白白浪费。

因此，喝豆浆时最好搭配面包、馒头等淀粉类食品。另外，喝完豆浆后还应吃些水果，豆浆中的铁含量，配以水果还可以促进人体对铁的吸收。

没有喝完的豆浆不要用暖瓶保存，以免暖瓶中的细菌在温度适宜的条件下，将豆浆作为养料而大量繁殖，使豆浆酸败变质。

纯牛奶与早餐奶不能混为一谈

市场上，各种口味的早餐奶越来越丰富，如麦香口味、水果口味、核桃口味、巧克力口味等，与口味单一的纯牛奶相比，早餐奶更受孩子们的欢迎。专家认为，纯牛奶与早餐奶各有利弊，二者并不能混为一谈。

1 配料不同

早餐奶的配料非常丰富，除了牛奶外，还有水、白砂糖、麦精、蛋粉或燕麦、铁强化剂、锌强化剂、稳定剂以及香精等，使其具有以下两点好处。首先，早餐奶的营养比较全面，能够弥补纯牛奶的不足。纯牛奶虽然含蛋白质丰富，但碳水化合物、铁、锌和维生素 C 的含量相对较少。早餐奶中添加了锌铁强化剂，营养相对来说比较均衡，适量饮用更符合早餐的要求。其次，如果孩子有乳糖不耐受情况，喝纯牛奶容易引起腹胀、腹痛、肠鸣、排气、腹泻等不适症状。由于早餐奶中牛奶含量较低，与此同时增加了稳定剂、白砂糖以及麦粉等含淀粉配料，使牛奶中的乳糖更容易被消化吸收，避免停滞在肠腔内因细菌分解发酵产气。

2　蛋白质、脂肪含量不同

增加了牛奶、果汁、可可粉等配料，早餐奶的蛋白质和脂肪含量略低于牛奶。目前市场上出售的早餐奶蛋白质含量在 2.3% 左右，因此早餐奶不等同于纯牛奶，被归为"调味乳"类。

一般来说，作为每天基本的营养补充，没有多余添加物的纯牛奶更适合孩子饮用，在饮用时为了使营养摄取更充足，在时间允许的情况下，不妨搭配主食、核桃、花生等坚果以及水果或蔬菜同时食用，这顿早餐就非常完美了；如果时间不允许，用两袋早餐奶再搭配些主食也可以基本满足早餐营养所需。此外，早餐奶作为调剂品，可以促进孩子的食欲，特别是含蛋白质较高的早餐奶还能与普通纯牛奶交替饮用。

早餐最好不喝果汁

早餐吃水果好处多多，儿童因吃早餐时间有限，有的家长往往用果汁代替水果，有的甚至还将果汁代替其他食物作为早餐"主食"或者取代饮用水。与白开水、碳酸饮料、咖啡等"早餐饮品"相比，果汁仅含有水果的部分营养成分，如矿物质、维生素、果胶等。孩子适量喝果汁可起到助消化、润肠道的作用，在无法保证合理膳食时的情况下喝果汁可以适量补充一些营养，并在一定程度上可以满足人体对水分的需求，但与水果相比，果汁与之还是存在很大差距。

1 果酸过高，易造成肠胃酸度失衡

果汁中的成分较多，有些果汁甚至含有两种以上的水果成分，酸度与水果相比相对更高一些。晨起时肠胃功能本来就比较弱，饮用果汁后不仅会影响肠胃的酸度，大量果汁还会冲淡胃液浓度，难以被孩子吸收，可能会导致消化不良和酸中毒现象。此外，果汁中的果酸成分还会与食物中的某些营养发生化学反应，影响人体对营养的消化吸收，使孩子易产生饱腹感，引发食欲不振、消化不良等症状。

2 甜度过高，易造成龋齿、肥胖

无论是鲜果汁、纯果汁还是果汁饮料，为了增加果汁的口感往往添加甜味剂，这就导致果汁的热量大增，一方面容易使孩子因嗜甜出现厌食、挑食等问题；另一方面又有可能由于摄入热量和糖分过多，引发龋齿和肥胖。

3 营养成分低，易降低早餐质量

不管是自家鲜榨果汁还是购买的成品果汁，在加工过程中，水果中某些易于氧化的维生素被破坏或流失，膳食纤维的含量也大大减少，使果汁的营养价值降低，早餐质量相对下降，无法保证孩子能获取到充足营养。

4 果汁较凉，易影响血液循环

晨起时，无论是肌肉、神经还是血管都处于收缩状态。为了使机体各项功能尽快恢复正常运作，就需要有一个温暖的环境。家长准备果汁时很少将其加热，当孩子饮用较凉的果汁后可能引发各脏器痉挛加重，使血液循环更加不畅，易造成身体日益衰弱。

因此，尽量为孩子准备温热的食物，少用果汁替代新鲜水果。如果时间或其他条件不允许，也应当科学适量饮用果汁，减少果汁给孩子带来的健康隐患。例如，不要用果汁代替温开水，不要空腹喝酸度较高的果汁，尽量饮用自家鲜榨果汁或成品鲜果汁，少喝含糖量过高的果汁，果汁不宜用微波炉加热，放在常温下即可。

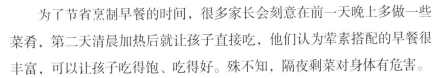

隔夜剩菜剩饭别给孩子当早餐

为了节省烹制早餐的时间，很多家长会刻意在前一天晚上多做一些菜肴，第二天清晨加热后就让孩子直接吃，他们认为荤素搭配的早餐很丰富，可以让孩子吃得饱、吃得好。殊不知，隔夜剩菜对身体有危害。

研究发现，烹饪后的青菜如白菜、韭菜等中含有较多的硝酸盐，如果放置过久，细菌就会将硝酸盐分解为亚硝酸盐，通过进食进入胃肠中，被人体吸收后进入血液。易导致大脑缺少充足氧气，易造成孩子注意力不集中、易困倦、肢体无力等亚健康问题。

除了剩菜外，剩饭剩粥也最好不要留到早餐食用。据有关部门介绍，在16~50℃的温度下，米饭、粥中容易滋生蜡样芽孢杆菌，进食含这种细菌的剩饭容易造成食物中毒，出现恶心、呕吐、腹痛、腹泻等症状。如果一定要在早餐食用隔夜饭菜，应将其加热至100℃，再持续加热20分钟。

早餐别吃太多甜面包

甜面包能够为孩子带来丰富的能量，不过摄取过多或摄取不当都会造成热量过高而对身体产生危害，因此早餐吃太多甜面包对健康百害而无一利。

1 营养成分缺失

不少家长为了图省事，常常用面包加牛奶的方式解决孩子的早餐。特别是在选择面包时，更青睐含糖、油脂较多，松软可口的白面包。这种面包虽然口感比全麦面包要好，但由于糖、油脂、盐等含量相对较高，其他营养成分含量较低，无法保证孩子摄入均衡的营养，长期食用易导致肥胖。

2 血糖不稳定

甜面包极易造成血糖水平过高，使孩子因过度兴奋而无法集中注意力，甚至出现多动情况。

3 消耗钙质

糖代谢会消耗体内钙质，除了会导致孩子出现躁动不安、好动、注意力分散等状态外，还会对视力、骨骼与牙齿的发育造成一定影响。

4 影响大脑功能

除了糖以外，面包中还含有大量的淀粉，淀粉过度聚集有可能使脑细胞活性降低，使孩子无法最大限度地开动脑筋，从而降低学习效率。

除了甜面包外，蛋糕、果酱、巧克力酱等含糖较多的食品也尽量少吃或搭配其他食物食用。

虽然面包作为早餐来说并非十全十美，但由于它含有碳水化合物和淀粉，适当食用可使人感到兴奋，有助于提高孩子的精神状态。为了使面包更好地"融入"早餐，家长首先要从正确挑选面包做起。

从热量角度来看，用全麦面粉制作的全麦面包热量低，含糖、盐和油脂较少，营养价值（特别是维生素 B）丰富，有助于清扫肠道垃圾，延缓吸收消化，有利于预防肥胖。用面粉制成的吐司面包虽然热量较全麦面包要高一些，但由于增加了奶粉、鸡蛋等成分，在营养上也具有一定的优势。

从吃法上来看，不要在面包上涂抹果酱或巧克力酱等高热量食品，尽量选择酸奶或低热量沙拉酱搭配食用；少吃夹馅面包，如果要将面包片与其他食物做成三明治，可以在其中加一点花生酱、一小片火腿、一片切好的熟牛肉，依口味添加新鲜的菜叶和水果片。

早餐不宜长期吃咸菜

由于早晨肠胃功能较弱，不少孩子在吃早餐时表现得缺乏食欲，为了让孩子开胃、增强食欲，不少家长除了自己腌制咸菜外，还从超市、商店里购买各式各样的小咸菜，作为主食的辅菜，甚至代替其他辅食给孩子食用。咸菜确实可以起到调节胃口的作用，也能补充一定的营养，但其中的健康隐患也不少。

1 营养价值相对较低

新鲜蔬菜在腌制过程中，大部分维生素 C 会遭到破坏，所以腌制菜的营养价值远远低于新鲜蔬菜，完全无法满足孩子在早餐中所希望摄取的营养。

2 易产生致癌物质

蔬菜在腌制过程中，无毒的硝酸盐会转化为亚硝酸盐，亚硝酸盐是强致癌物质，长期大量食用咸菜会增加致癌风险。

3 造成免疫力降低

咸菜中含有较多的盐分，一方面会减少唾液分泌，使细菌、病毒在口腔内滋生繁衍；另一方面，钠盐具有较高的渗透性，会抑制口腔、咽喉部上皮细胞的免疫功能，使感冒病毒更容易"突破"防线进入人体，导致感冒、上呼吸道感染等疾病的发生。

4 影响骨骼发育

孩子长期吃咸菜，会造成体内钠元素过多，当钠与钙同时经过肾脏时，肾脏会"择优录取"钠，从而使钙质随尿液排出体外，间接导致身体中的钙质流失，对骨骼、牙齿等发育造成不利影响。

不要长期食用油条、油饼

豆浆加油条（油饼）的组合作为早餐在生活中很常见，它们让不少家长在准备早餐时不用太费心思。豆浆虽然有益健康，但油条、油饼中却存在很多危害健康的隐患，孩子如果长期食用此类食品对身体并无好处。

1 不易被消化

油条、油饼的烹制过程必须经过高温油炸，因此热量相对来说比较高，且含有较多的油脂。孩子的肠胃功能较弱，消化高热量、高脂肪食物需要的时间较长，因此，血液会长时间集中在胃肠部，造成脑部血流量减少，导致脑细胞缺氧，从而影响孩子的注意力和思考能力。

2 损害大脑功能

高温油会破坏营养素，还会产生大量的自由基，如果体内含有过多的自由基会削弱细胞的抵抗力，破坏细胞的化学物质，破坏体内的遗传物质组织，造成基因突变，甚至引发癌症。此外，为了能使油条炸制后膨胀松软，在制作过程中会加入明矾和苏打等含有铝的膨化添加剂，特别是小摊上贩卖的油条，其中的明矾等成分的含量更是超过国家相关食品标准规定。孩子长期食用这种不合格的油条，易对中枢神经系统造成慢性损伤。

③ 油脂摄入超标

油条属于油炸食品，油脂含量非常高，长期食用不仅会加重肠胃负担、影响肠胃健康，还可能会导致脂肪在体内堆积，从而引发肥胖，故不宜长期食用。

不宜以零食代替早餐

对于学习紧张忙碌的中小学生来说，在课间休息时适量吃些饼干、巧克力、威化等零食可以补充部分被消耗掉的能量，从而可以保持良好的精神状态。如果在早餐中用零食取代主食，非但起不到上述的作用，还容易对健康产生不利影响。

① 营养单一

零食中的成分大多只含有碳水化合物、淀粉等物质，营养相对单一，缺少维生素、矿物质、膳食纤维等营养素，无法满足中小学生日常的营养需求，长期食用还易引发免疫力低下、肥胖、龋齿等问题。

② 损伤黏膜

零食大多比较"干"，孩子新陈代谢又比较旺盛，早晨起床后通常会处于半脱水状态，进食过干的食物不利于肠道吸收消化，反而有可能在食物进入食管、肠胃后与黏膜产生摩擦，损伤肠胃黏膜。

③ 能量供应不足

饼干、威化等零食的主要原料是谷物。它们虽然在短时间内能提供能量，但这些能量无法满足日常消耗所需，碳水化合物在短时间内就会被消耗完，临近中午时血糖水平会明显下降，使孩子提前进入"饥饿期"。

早餐不要边走边吃

很多中小学生的早餐都是在匆匆忙忙中吃掉的，尤其是住址离学校较远的学生，为了节省时间，早餐往往都在路上解决。

① 不利于消化

走路的时候，血液处于循环状态，大部分处于四肢中，无法完全集中在肠胃供肠胃消化食物，长此以往极易引发胃炎、阑尾炎。此外，在匆匆行走时，孩子很难将食物细嚼慢咽，早餐被狼吞虎咽吞进肚子里，加重了消化系统负担，同样可能会引发相关疾病。

② 吸入过多空气

边走路边吃早餐，很容易在不知不觉中吸入大量空气，引发腹胀、腹痛、肠鸣、排气等症状。吸入空气的同时也有可能将空气中的有害物质（如重金属、粉尘等）一并"请入"体内，这些污染物进入人体后，会在脏器中沉积，对身体造成伤害。

外带自制早餐，卫生又方便

出于卫生的考虑，家长更倾向于为孩子自制早餐，但是有时由于时间或其他因素所限，孩子无法在家中吃早餐，只能将早餐带到学校吃。因此，如何将自制早餐"安全"带到学校就成为值得每个家长注意的问题。怎样做才能既保证食物的干净，又保证营养不流失呢？

1 选择自制早餐的种类

一般来说，外带自制早餐尽量不要选择需要加热或者变凉后影响口感的主食，最好选择不需加热的食物，如全麦面包、火腿、自制三明治、水果沙拉、早餐奶等。

2 选择合适的容器

如果早餐有粥或热汤，建议将其装入保温壶中携带。应当注意的是，不要将豆浆放在保温壶中，以免滋生细菌。为了保证卫生，火腿、面包、三明治等食物最好放在密封性较好的保鲜盒中，避免食物在走路颠簸过程中被污染或散掉，影响食物品质。

3 选择合适的加工时间

如果早餐有水果沙拉，不要提前将水果切好，而是到目的地后再将其切成小块，淋入事先准备好的酸奶或其他调味品。如果水果沙拉做好外带，一方面切口可能会氧化，影响水果美观；另一方面还有可能造成营养元素流失。

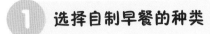

胃不好别拿粽子、汤圆当早餐

粽子的主要原料是糯米，糯米制品的黏性较高，不易被消化，再加上孩子的肠胃功能本身就较弱，肠胃将食物完全消化大约需要 6 个小时，一大早就吃粽子，会使糯米在胃里停留的时间更长。当胃部一直有食物存在时，胃就会不停地分泌胃酸，有可能导致慢性胃病、胃溃疡。因此，胃不好的孩子最好不要在早晨吃粽子。

除了粽子外，汤圆、糯米糕、年糕等作为早餐食用时也应谨慎，食用时应注意以下事项。吃粽子时最好能喝水，帮助吞咽和消化；粽子搭

配稀粥，有利于肠胃消化粽子的黏液；每次尽量少吃一点，建议选择迷你粽子或小汤圆。尽量吃白米粽、杂粮粽、素油汤圆，少吃或不吃肉粽、蛋黄粽或猪油汤圆。

西式早餐并非不可取

一提到西式早餐，不少人立刻就想起汉堡包、炸鸡翅、薯条等高热量、高胆固醇食品，"肥胖症""心血管疾病"等名词接二连三地在脑海中"蹦"出来。其实，不少西式早餐越来越中国化了，从注重口味转变为注重营养搭配。

不少西式快餐店为了迎合国人口味，对西式早餐进行改良或中西搭配，如法式烧饼、火腿蛋汉堡、蔬菜沙拉、各式粥品、放心油条等。这些早餐内容丰富，营养全面。以粥品为例，有的粥中有虾仁、鸭肉或瘦肉，每碗粥中还放有蔬菜，再搭配上一个火腿蛋汉堡或其他主食，营养就基本齐全了，所以说西式早餐也并非都不可取。

早餐一定要有主食

很多人都错误认为，主食中含有大量的碳水化合物，其作用就是提供热量，与营养没有关系。其实，碳水化合物也属于营养素，缺少碳水化合物，同样可能造成营养不良。除了保证营养全面外，早餐吃主食还有以下几个优势。

1 增加饱腹感

主食中的淀粉和碳水化合物容易使人产生饱腹感，而且它们能为人体提供相应的热量，即使饱腹感慢慢消失，身体各功能仍然会因为有热量的"支持"而正常运作。蔬菜、水果等食物尽管营养丰富，却只能在短时间内提供能量，很快便会使人体产生饥饿感。

增强胃部消化

吃主食有利于刺激唾液分泌，唾液中含有淀粉酶，唾液越多，淀粉酶就越多。唾液淀粉酶能够参与食物的消化，并刺激胃部适量分泌胃液，提高胃部消化功能。

 减少代谢物产生

主食中含大量的碳水化合物，极易被人体吸收消化，在代谢过程中几乎不会产生毒素，减少代谢物在体内聚集。

主食的种类很多，除了常见的粥、馒头、面条外，南瓜、红薯、山药等也可以作为早餐的主食供孩子食用。

健康早餐应注重荤素搭配

在早餐中，荤食的种类不仅局限于肉类，还包括海鲜、鸡蛋、肝脏、牛奶等食物，在烹饪时避免油炸等不健康方式，尽量采用蒸、煮、炖等方法，防止摄入过量油脂、胆固醇。在吃荤食时，搭配蔬菜和水果有助于吸附肠内残渣，提高维生素 A 和胡萝卜素的吸收利用率，达到营养平衡。

早餐荤素搭配的方法很简单，做成粥、包子、烧饼等即可，如瘦肉粥、虾仁粥、火腿沙拉、肉烧饼、菜肉包子，既有利于激发孩子的食欲，又可以均衡营养。

早餐汤泡饭，健康全泡汤

相关专家指出，汤泡饭对健康有害无利。米饭的主要营养是淀粉，淀粉的消化需要有唾液淀粉酶的参与。也就是说，当米饭进入口腔中，通过不断地咀嚼，口腔会分泌出唾液，唾液将磨碎的食物包裹后，由淀粉酶对其进行消化，然后再输送到胃部，进入下一个消化进程。如果用

汤泡饭，食物还未等完全嚼烂就会随汤进入胃中，胃部对大块食物一时半会难以消化，会增加肠胃负担，不利于消化吸收，长此以往极易引起胃病。

汤泡饭虽然不利于健康，但不能否定早餐喝汤的好处，只要学会正确喝汤的时间和方式，也不必担忧健康出问题。最好在饭前20分钟喝汤，每次喝半碗左右为宜。此外，吃早餐时也可喝汤，但喝汤时口中不要含饭，而是将饭粒吞咽后再喝少许汤。

方便面代替早餐要不得

方便面对于很多家长来说正如其名——"方便"，无须花费太多时间和精力，只要用沸水冲泡数分钟后，调入调味品，一碗香喷喷的早餐面就做好了。然而，在这碗方便面里隐藏的却是对孩子健康的隐患。

1 营养失衡

大多数方便面是经油炸制而成的，其中油脂多含反式脂肪酸，长期作为早餐食用容易引起肥胖。有的方便面虽然是非油炸食物，但由于其主要成分是碳水化合物，而其他营养成分含量较少，长期食用易造成营养不良。

2 危害脏腑

中国营养学会建议，每人每日摄盐量不宜超过6克，而一包方便面的含盐量大约就有6克，早餐摄盐过多极易造成高渗性脱水，并对肾脏造成损害。

3 影响骨骼、牙齿发育

方便面中含有磷酸盐，若人体内磷过多容易影响钙质的吸收和利用，易引起骨折、牙齿脱落和骨骼变形。

下 篇

儿童营养
早餐方案

04

这样吃早餐，有助于提高注意力

　　保持良好的注意力是大脑进行感知、思维、记忆等认识活动的基本条件。如果缺乏注意力，孩子就无法将全部精力集中到学习或其他活动上，不仅会影响孩子的学习成绩，当发展为注意力障碍时还有可能引发人际交往困难甚至失败，对生长发育也会造成直接威胁。因此，家长应对孩子的早餐饮食加以重视，从而促进中小学生的身心健康。

饮食提示

1 **从碳水化合物中"挑"葡萄糖**

对于人体来说，血糖是决定注意力高低的关键因素，血糖过低就会使孩子出现心慌、发虚等问题，注意力自然无法集中。碳水化合物中包含多种糖分，其中，葡萄糖被称为大脑的"能量源泉"，它能对血糖变化立即作出反应，一旦血糖水平降低，葡萄糖就会释放出能量，使血糖保持在平稳状态，有助于提高注意力。当然，摄取葡萄糖不等于多吃甜食，家长还应区分葡萄糖与其他糖分的作用。

2 **适当增加蔬菜的比例**

补充蛋白质有助于提高注意力，如果仅吃动物性食物，人体对蛋白质的吸收率只有 7% 左右。如果将动物性食物与蔬菜同吃，蔬菜中的活性物质就可以提高孩子对蛋白质的吸收率，所以要适当增加蔬菜的进食比例。

主要食物推荐

鸡蛋

　　注意力的强弱与大脑中所含乙酰胆碱密切相关，乙酰胆碱可增强大脑排除干扰的能力。经试验证明，鸡蛋的蛋黄中含有丰富的卵磷脂酶，当卵磷脂酶进入人体分解后，就生成乙酰胆碱。乙酰胆碱透过肠壁进入血液后，就会随着血液循环到达大脑组织中，增加大脑中乙酰胆碱的含量，增强注意力。

酸奶

　　酪氨酸是一种重要的神经递质——氨基丁酸的前体物质，是保证大脑功能正常运作的物质基础。酪氨酸的含量愈多，神经传导进行的就越顺利，注意力就越集中。酸奶是一种发酵食物，经过乳酸菌发酵后游离性酪氨酸大大增加，而且非常有利于人体吸收。

有机牛奶 与普通牛奶相比，有机牛奶中多了 64% 的 ω-3 脂肪酸，有的甚至多出 240% 的 ω-3 脂肪酸。ω-3 脂肪酸对大脑功能有极大的改善功能，可帮助孩子集中注意力，提高智力和学习能力。

胡萝卜 胡萝卜中含有丰富的胡萝卜素、蔗糖、淀粉、维生素 B_1、维生素 B_2、叶酸、氨基酸、木质素、果胶、甘露醇、山柰酚、少量挥发油、咖啡酸及多种矿物元素，可以保护中枢神经系统，能改善大脑功能，提高注意力。

黄花菜 黄花菜又叫金针菜，其中蛋白质、脂肪、钙、铁、维生素 B_1 的含量较高，这些营养成分均为大脑代谢所需要的物质，因此，它又被人们称为"健脑菜"。

燕麦　燕麦中含有丰富的 B 族维生素、维生素 C、维生素 E、叶酸、矿物质以及碳水化合物，含脂量较低，可使能量更有效的燃烧，为大脑提供更充足的能量，对于提高孩子注意力助益良多。

紫菜　紫菜中富含维生素 B_{12}，对中枢神经系统具有调节作用。此外，紫菜具有排铅作用，铅毒正是造成注意力不集中的元凶之一，严重影响孩子的智力和学习能力，紫菜能阻断人体对外界铅毒的吸收，并将血液中部分铅毒排出体外。

大葱、洋葱、辣椒等　大葱、洋葱、辣椒等蔬菜为热性食物，它们含有的刺激性成分能净化血液、促进血液循环，适当提高孩子身体温度，并为大脑提供足够的热量。

菠菜　菠菜中含有丰富的维生素 A、维生素 C、维生素 B_1 和维生素 B_2，是脑细胞代谢的"最佳供给者"之一。同时，菠菜中还含有大量的叶绿素，对健脑益智、提高注意力也能起到一定作用。

健康早餐方案

方案1 全麦面包 + 可可牛奶 + 玉米番茄沙拉

全麦面包

原料：高筋面粉 200 克，全麦粉 100 克，白糖 20 克，奶粉 12 克，鸡蛋液 20 克，发酵粉、盐、橄榄油各适量。

制作方法：

1. 将除橄榄油外的全部原料混合并揉至光滑，加入橄榄油，再揉 30 分钟左右至其完全充分融合。

2. 进行 3 小时左右发酵，再进行揉和面团排气，然后将面团分割成 150 克左右的小团，进行 20 分钟左右的中间发酵。

3. 从中取出一个面团擀成椭圆形状，然后卷起，有口的方向朝下，卷好后放入吐司盒中进行 2 小时左右的二次发酵至 9 分满。

4. 发酵好的面团用刷子轻刷一层鸡蛋液，放进烤箱用 190℃的上下火焙烤 45 分钟左右即可。

可可牛奶

原料：牛奶1袋，可可粉2匙，果仁、糖各适量。

制作方法：

1. 将牛奶、可可粉倒入容器中。

2. 将容器置于微波炉内，加热5分钟，放入压碎的果仁，根据口味调入糖。

玉米番茄沙拉

原料：甜玉米粒100克，洋葱1/3个，花生米20克，番茄50克，柠檬汁、盐、初榨橄榄油各适量。

制作方法：

1. 将材料洗净，洋葱切丁，番茄切丁。

2. 将花生米焯烫后过凉水，沥干水分，与甜玉米粒、番茄、洋葱一同放入容器中。

3. 将柠檬汁、盐混合，再调入橄榄油，搅匀后淋在蔬菜上即可。

方案2 烤肉燕麦粥 + 生菜夹蛋饼 + 木瓜丁酸奶

烤肉燕麦粥

原料：烤肉1小块，生菜叶1片，燕麦片50克，盐少许。

制作方法：

1. 将燕麦提前在锅中浸泡2小时，生菜切碎，烤肉切丁。

2. 加水将燕麦用大火煮沸，转小火续煮10分钟，放入生菜碎和烤肉丁，稍煮片刻加盐调味出锅。

生菜夹蛋饼

原料：鸡蛋1个，生菜2片，番茄酱少许。

制作方法：

1. 将鸡蛋打散，入锅中摊成蛋饼，取出时尽量保持完整，将其摊在砧板上。

2. 将生菜洗净后切丝，均匀地撒在蛋饼上，淋少许番茄酱，将蛋饼卷起。

木瓜丁酸奶

原料：木瓜肉少许，酸奶125毫升。

制作方法：将木瓜肉切成小丁或者打成泥，倒入酸奶中搅匀。

方案3 沙司鱼排 + 牛奶 + 酸奶杂果沙拉

沙司鱼排

原料：草鱼净肉500克，鸡蛋2个，面粉、面包糠、白芝麻、

番茄沙司、生姜、酱油、盐、酒各适量。

制作方法：

1. 生姜切碎后调入酱油、盐、酒，浸泡半个小时。

2. 草鱼肉洗净后切片，调入姜汁腌制 10 分钟。

3. 鸡蛋打散，白芝麻与面包糠混合，腌好的鱼片均匀地扑上面粉，刷一层蛋液，最后裹上芝麻面包糠。

4. 锅中热少许油，将鱼排煎至两面金黄，盛出后吸去多余的油，淋上番茄沙司即成。

酸奶杂果沙拉

原料： 木瓜、西瓜、酸奶各适量。

制作方法：

1. 木瓜去皮、去籽，切成小方块；西瓜瓤切片，去除瓜皮的白色部分（西瓜翠衣）切丁。

2. 将木瓜丁、西瓜瓤和西瓜翠衣盛入容器中，淋上酸奶，拌匀即成。

土豆腊味饭 + 紫菜豆腐汤

土豆腊味饭

原料：大米 200 克，土豆 200 克，腊肠 150 克，鸡精 1 小勺，生抽 1 大勺。

制作方法：

1. 将土豆洗净切块，大米洗净，腊肠切片。

2. 将大米和水放入电饭锅中，同时倒入生抽、鸡精和土豆块。

3. 待锅内水快干时，将腊肠片铺在米饭上，续焖 10 分钟。

紫菜豆腐汤

原料：豆腐 200 克，紫菜 15 克，葱花、盐、香油各适量。

制作方法：

1. 将豆腐切块，用沸水焯烫至断生，取出备用。

2. 锅中重新倒入清水，煮沸后放入豆腐、紫菜、盐，待汤熬好后撒上葱花，滴少许香油。

方案5 **菠菜饼 + 火腿洋葱汤**

菠菜饼

原料：菠菜 200 克，面粉、盐、胡椒粉各适量。

制作方法：

1. 菠菜洗净后切碎，放入搅拌机中，加水打碎。

2. 在菠菜汁中加入面粉，调成浓稠适中的菜糊，再调入少许盐、胡椒粉。

3. 在平底锅中刷一层油，烧热后将菠菜糊均匀地铺在锅底，中火煎至两面均熟后，取出切成三角形。

火腿洋葱汤

原料：火腿 3 片，洋葱 1/3 个，蒜末 1 大勺，盐、黑胡椒各适量。

制作方法：

1. 火腿切段，洋葱切碎。

2. 蒜末下锅爆香，然后将洋葱、火腿放入蒜末中炒香，加水煮沸，转小火续煮 7~8 分钟，出锅后调入盐、黑胡椒粉。

方案 6 海米黄花木耳粥 + 凉拌鹌鹑蛋金针菇 + 花卷

海米黄花木耳粥

原料：米饭 1 碗，黑木耳 20 克，黄花 30 克，海米 40 克，姜丝、香葱碎、白胡椒粉各适量。

制作方法：

1. 将米饭加水煮粥，同时将事先泡发好的黑木耳切碎，黄花切段。

2. 粥煮好后，将木耳、黄花和海米一同放入锅中，中小火煮 20 分钟。

3. 在煮好的粥中加入姜丝、香葱，大火煮 2 分钟，出锅前调入白胡椒粉。

凉拌鹌鹑蛋金针菇

原料：熟鹌鹑蛋 4 个，金针菇 100 克，蒜末、生抽、香醋、香油、白糖各适量。

制作方法：

1. 金针菇去根洗净，入沸水焯烫 30 秒钟，过凉水后沥干水分。

2. 将生抽、香醋、糖和蒜末调成调味汁，与金针菇拌匀。

3. 将鹌鹑蛋剥壳后切片，摆放在金针菇上，滴少许香油拌匀即可。

西式煎蛋饼 + 白菜蛋花粥 + 杏仁奶

西式煎蛋饼

原料：鸡蛋 4 个，土豆 1 个，洋葱 1/2 个，橄榄油、芝士粉、盐、胡椒粉各适量。

制作方法：

1. 将土豆洗净，放入锅中加水煮熟，去皮后切成稍厚的片；洋葱洗净，切成碎末；鸡蛋磕入碗中，打散后加少许盐。

2. 锅中倒入橄榄油，放入洋葱炒香，倒入 1/2 鸡蛋液，使之没过洋葱，撒少许芝士粉和胡椒粉。

3. 当蛋液稍凝固时，将土豆片放在蛋液上，倒入剩余的蛋液，再撒些芝士粉和胡椒粉。

4. 用小火将蛋液煎至表面凝固、蛋饼能在锅内滑动时，将蛋饼翻面，续煎 1~ 2 分钟即可出锅。

白菜蛋花粥

原料：大米 100 克，白菜心 150 克，鸡蛋 120 克，大葱、姜、植物油、盐各适量。

制作方法：

1. 将洗净的大米放入锅中，加适量清水，用大火煮沸后转小火慢煮。

2. 将白菜心（白菜叶也可）切成细丝，葱、姜切丝，鸡蛋打散。

3. 锅内热少许油，放入葱、姜丝爆香，放入白菜丝煸炒至断生，调入少许盐。

4. 粥煮沸时，将鸡蛋液慢慢淋入粥里，倒入白菜心，续煮 1 分钟左右即可。

杏仁奶

原料：杏仁 200 克，白糖 200 克，牛奶 250 克。

制作方法：

1. 将杏仁用热水泡一下，去皮，放入榨汁机中，加入牛奶打匀。

2. 将杏仁牛奶加热后，可根据口味调入适量白糖。

方案 8 胡萝卜蛋卷 + 牛奶燕麦粥 + 肉松

胡萝卜蛋卷

原料：胡萝卜 4 根，鸡蛋 4 个，面粉 1 大勺，盐少许，黑芝麻适量。

制作方法：

1. 胡萝卜洗净后刨丝，将鸡蛋液、盐、面粉在盆中充分搅拌均匀（无面粉团）。

2. 将胡萝卜丝入锅炒熟，调入少许盐，盛出备用。

3. 锅中添加少许油，油热后倒入混合蛋液，小火煎至蛋液凝固，撒上黑芝麻。

4. 将胡萝卜丝均匀地铺在蛋皮上，将蛋皮卷成卷。

5. 卷好后用小火将蛋卷双面煎成金黄色，切成段。

牛奶燕麦粥

原料：燕麦片 30 克，牛奶 200 毫升，蜂蜜、葡萄干（或其他果仁）各适量。

制作方法：

1. 将燕麦放入锅中，加适量水，大火煮沸后转小火续煮 20 分钟。

2. 当燕麦软烂浓稠时，加入牛奶，小火煮至牛奶沸腾，后调入蜂蜜、葡萄干。

CHAPTER 05

这样吃早餐，有助于防治打瞌睡

在课堂上总会出现这种情况，刚上第二节课，有的孩子就开始打瞌睡。除了与睡眠不足有关外，思虑过度、用脑过量、饮食不当等因素也是导致打瞌睡的主要"元凶"。究其原因，以上因素都会影响脾胃的运化功能，一旦脾胃功能欠佳，就会造成气血不足，导致大脑供氧不足，晚上睡得再早，白天一样打瞌睡。

饮食提示

1 饮食应当补脾养胃

脾胃虚弱则气血亏虚，大脑昏沉，为了防止打瞌睡，在早餐中应增加补脾养胃的食物，少吃性寒的食物或冷食。早餐可以适量喝点热汤，如鱼汤、牛肉汤等，不仅能温补脾胃，还有增强体质、健脑益智的作用。

2 少喝咖啡、茶等刺激性饮品

有的家长为了防止孩子上课打瞌睡，早晨多以咖啡、茶水等代替白开水或粥、汤，这种做法在短时间内确实可以对神经起到兴奋作用，但与此同时咖啡也会抑制脑内某些腺体激素的分泌，孩子经常饮用会影响生长发育。

3 用植物性蛋白质代替动物性蛋白质

动物蛋白质呈酸性，对于经常打瞌睡的孩子来说，早餐食用有可能造成体内钙质和维生素 B_1 减少，出现精神不稳定、头脑迟钝等问题。植物性蛋白质的来源为碱性食物，可增强血液携氧能力，提高大脑含氧量，改善打瞌睡问题。

4 增加钾元素摄入

机体在气温较高时或剧烈活动后会大量排汗，导致钾元素流失，倘若钾元素补充不及时，就会使孩子出现精神不振、倦怠疲劳感。因此，在早餐时，应当适量增加含钾较高的食物。

主要食物推荐

燕麦片

燕麦片富含膳食纤维，可以使消化速度适当放慢，使食物中的碳水化合物充分释放，随着血液循环给大脑供能。因为燕麦片的碳水化合物释放速度缓慢均匀，故能使血糖水平一直维持在较高状态，有助于保持上午都精力充沛。

草莓

草莓被称为"水果皇后"，它含有丰富的维生素 C，可以促进人体对铁质的吸收，提高大脑细胞含氧量，经常食用使人精力充沛。此外，草莓含有多种有机酸，具有益胃生津的作用，有助于调和脾胃。

豆类

铁具有向器官和肌肉输送氧气的作用，缺铁除了会导致贫血外，还会使人感到头晕、乏力。经常吃红豆、黑豆或黄豆及其制品能够增加铁含量，有效改善疲惫、无力等状况。

香蕉　香蕉中含有较高的能量和多种营养物质，如碳水化合物、镁、钾等，这些元素对肌肉和神经均能起到维护作用。此外，香蕉中还含有色氨酸、生物碱等成分，在早餐后作为餐后水果可令人振奋精神。

山药　山药中富含淀粉酶、多酚氧化酶等成分，有助于消化吸收，并能滋养脾胃，改善气虚等问题。

坚果类　坚果类食物（腰果、核桃、榛子、松子）含有丰富的铜、锌和不饱和脂肪酸等，这些营养成分可激活大脑神经的反射功能，同时又能为大脑提供营养，缓解由于因学习负担过重造成的大脑疲倦。

芹菜

芹菜中含有一种挥发物质，可以起到芳香化湿的作用，可改善因湿秽瘀滞造成的脾胃失调。除了芹菜外，莲子、薏米、芡实等也具有相同的作用。

海带、紫菜等

海带、紫菜等富含钾元素，可补允因排汗流失的钾元素，提高神经和肌肉兴奋性，使人精力充沛。

番茄

番茄中含有维生素 C 和番茄红素，这两种元素均具有抗氧化作用，可提高大脑细胞活性，改善大脑疲倦感，使反应更灵敏。

青蒜

青蒜性温味辛，具有醒脾气、消谷食的作用。青蒜中的钾元素也较丰富，可提高机体活力。

健康早餐方案

方案 1　香蕉燕麦粥 + 蒸红薯

香蕉燕麦粥

原料：燕麦 30 克，牛奶 50 克，香蕉 1 根，蜂蜜 1 勺，坚果少许。

制作方法：

1. 原料洗净，将坚果、牛奶和清水放入锅中，煮沸后加入燕麦片。

2. 将香蕉切成片，待粥成后放入锅中稍煮片刻，粥温后调入蜂蜜。

蒸红薯

原料：小红薯 3 个。

制作方法：

先将红薯洗净，放进蒸锅里蒸熟即成。

方案 2 芡实银耳粥 + 洋葱煎蛋 + 番茄

芡实银耳粥

原料：芡实 500 克，银耳 5 克，盐、味精、葱姜末各适量。

制作方法：

1. 芡实洗净后浸泡，银耳用温水泡发后撕成小块。

2. 锅置于火上，热少许油，放入葱姜末煸炒。

3. 炒出香味后，加入适量清水，将沸时放入芡实，调入盐、味精。

4. 再次煮沸后，放入银耳，转小火煮至黏稠。

洋葱煎蛋

原料：鸡蛋 2 个，洋葱 1/2 个，盐、葱白各适量。

制作方法：

1. 洋葱纵切成丝，葱白切成丝，鸡蛋打散后调入少许盐。

2. 锅中热少许油，放入洋葱丝炒软，取出后与鸡蛋液、葱丝混合。

3. 锅中再热少许油，将洋葱鸡蛋液倒入锅中，煎成金黄色即可。

方案 3 草莓面包布丁 + 苹果胡萝卜汁

草莓面包布丁

原料：牛奶 200 毫升，鸡蛋 2 个，鲜奶油 50 克，全麦面包 2 块，糖、肉桂粉、核桃仁（或葡萄干）、草莓各适量。

制作方法：

1. 将面包切成方块，放入深一些的烤盘中，撒上少许肉桂粉、核桃仁（或葡萄干）。

2. 在鸡蛋中加入白糖，搅打均匀后加入牛奶、鲜奶油，继续搅拌均匀。

3. 将鸡蛋布丁液倒入烤盘中，使每一块面包都充分吸收鸡蛋布丁液。

4. 提前将烤箱于180℃预热5分钟后，将烤盘放入烤箱中层，烘烤35分钟，最后放上切好的草莓片即可。

苹果胡萝卜汁

原料：胡萝卜4根，苹果2个。

制作方法：

1. 将胡萝卜洗净，保留顶部叶片，苹果洗净去核。

2. 将胡萝卜榨汁后加热，苹果榨汁；胡萝卜汁温度变凉后加入苹果汁即成。

方案4 红枣山药糊 + 鸡蛋 + 奶香小馒头

红枣山药糊

原料：山药1根，红枣6个，茯苓粉、蜂蜜、核桃碎、熟黑芝麻各适量。

制作方法：

1. 原料洗净，山药去皮切丁，红枣去核，将山药丁、红枣和茯苓粉放入搅拌机中打成糊状。

2. 将山药糊（可适当加少许水）倒入锅中，边煮边搅拌，当出现气泡时出锅，淋上蜂蜜，撒上核桃、芝麻即成。

鸡蛋吐司 + 番茄汤 + 葱花火腿

鸡蛋吐司

原料：吐司 1 片，鸡蛋 1 个。

制作方法：

1. 将吐司放入稍深一些的碟子中，使面包中间稍稍凹下去，在微波炉中转 30 秒钟。

2. 将鸡蛋打在吐司上，将蛋黄表面戳破，放入微波炉中转 1 分 10 秒（700W）。

番茄汤

原料：番茄 1 个，鸡蛋 1 个，盐、香油、水淀粉各适量。

制作方法：

1. 番茄洗净后去皮，切成小块，鸡蛋打散。

2. 锅中热少许油，将番茄块倒入后翻炒，炒得越烂越好。

3. 加入适量清水，煮沸后打入蛋液，调入盐，出锅前加入适量水淀粉，淋入滴香油即可。

葱花火腿

原料：火腿（淀粉含量较低）2 片，葱花适量。

制作方法：

将部分葱花铺在平底锅中，放入火腿片，然后在火腿上撒上剩余葱花，煎至葱香溢出即可。

方案 **6** 豆芽番茄面

豆芽番茄面

原料：黄豆芽 200 克，番茄 2 个，鲜香菇 2 个，面条、盐各适量。

制作方法：

1. 将原料洗净，黄豆芽沥干水分，番茄切丁，香菇切片。

2. 锅中热少许油，放入黄豆芽干炒至出水，再放入香菇、番茄翻炒。

3. 锅中加水适量，中火煮沸后放入面条，煮熟后调入盐即成。

方案 **7** 鹌鹑蛋牛奶燕麦粥 + 茄香肉酱小披萨

鹌鹑蛋牛奶燕麦粥

原料：牛奶 100 毫升，燕麦片 20 克，鹌鹑蛋 4 个，圣女果 5 个（也可换成其他水果），葡萄干适量。

制作方法：

1. 燕麦片提前浸泡，鹌鹑蛋煮熟后剥壳，圣女果切成两半。

2. 锅中加水适量，放入燕麦片，煮熟后倒入牛奶，搅拌均匀。

3. 将鹌鹑蛋、葡萄干、圣女果倒入粥中，搅拌均匀即成。

茄香肉酱小披萨

原料：茄子 1/2 个，植物油、大蒜、肉馅、料酒、番茄酱、热水、白糖、盐、黑胡椒粉、吐司面包、奶酪丝各适量。

制作方法：

1. 茄子切片，入油锅煎至八成熟，吸去多余油分。

2.锅中热少许油，煸香蒜末，倒入肉馅翻炒至断生，烹入少许料酒、番茄酱炒匀。

3.调入少许热水、白糖、盐、黑胡椒粉，煮至汤汁将干时熄火。

4.吐司面包切厚片，抹一层肉酱，撒少许奶酪丝，铺上茄片，再撒少许奶酪丝，在烤箱中烤10分钟（200℃）即成。

方案8 蔬菜奶酪粥 + 烤土司 + 鸡蛋

蔬菜奶酪粥

原料：大米、糯米、糙米、燕麦米各等份，菜心200克，奶酪、盐各适量。

制作方法：

1.将四种米提前浸泡1个小时左右，放入锅中加水煮沸，转小火慢熬。

2.菜心、奶酪切碎，放入煮好的粥中，续煮1～2分钟，出锅前调入少许盐即成。

这样吃早餐，有助
于提高记忆力

　　研究表明，吃过早餐的学生比不吃早餐的学生，表现出较强的记忆能力；
而早餐吃得质量高的学生比质量一般的学生记忆力更强。由此可见，早餐不仅
要吃，而且还要吃得好，健康的饮食是增加大脑营养的关键。

1 充分摄取蛋白质

早餐不仅要摄取蛋白质，还应当在适度的前提下尽量多摄取一些。因为处于发育期的孩子所需能量和各种营养素要比成人高，仅依靠中餐和晚餐摄取的蛋白质的量是不够的。在摄取蛋白质时一定要与蔬菜、水果搭配进食，蔬菜、水果中的维生素和矿物质对蛋白质有辅助吸收作用。

2 吃些富含胆碱的食物

胆碱属于 B 族维生素，通过血液循环被脑组织细胞吸收，能够对大脑产生兴奋作用，促使条件反射的巩固，有助于增强记忆力。如果胆碱摄入不足，极容易造成记忆力紊乱。胆碱广泛存在于食物中，具有耐热性，不会因为烹调而流失。

3 限制进食高脂肪食物

高脂肪饮食不仅会造成肥胖，还可能阻碍细胞再生，从而影响记忆力。相关的实验证明，在两组学生中，长期食用高脂肪食物的学生记忆、学习集中能力等方面相比健康饮食的学生都明显较弱。

4 吃早餐时尽量多咀嚼

在咀嚼的过程中，脸部肌肉得到充分运动，并将这种刺激传导到小脑、大脑、大脑皮质中，使血液不断地被输送到脑部，使脑细胞的信息传导速度加快，大脑荷尔蒙分泌增多，记忆力得到显著提高。一般来说，每口食物以咀嚼 30 下为宜。

5 不贪饮碳酸饮料

碳酸饮料中含有苯甲酸钠，这种防腐剂有可能会引起神经系统病变，不仅会影响记忆力，还可能引起神经退化性疾病。

主要食物推荐

牛奶

牛奶被称为"近乎完美的营养品"，虽然乳糖不耐受者无法充分吸收，但由于牛奶中富含蛋白质、钙及大脑所必需的氨基酸，这些营养元素经过发酵后就容易被人体吸收，成为脑代谢不可缺少的重要物质。此外，牛奶中还含有维生素 B_1 等元素，对神经细胞十分有益。

花生

花生富含卵磷脂和脑磷脂，它们是神经系统发育所需的重要物质，可以抑制血小板凝集，促进血液循环，延缓脑功能衰退，是名副其实的"记忆果"。

小米

小米的维生素 B_1 和维生素 B_2 含量要高出大米一倍之多，并含有较多的色氨酸和蛋氨酸，这些营养素对大脑神经均具有一定的调节作用。以色氨酸为例，色氨酸能生成 5- 羟色胺，5- 羟色胺能够巩固大脑神经细胞信息传递，对记忆力有一定的影响。

玉米

玉米胚中富含亚油酸等多种不饱和脂肪酸，可以保护脑血管，使脑细胞组织得到充分滋养。此外，玉米中还含有大量的谷氨酸，它是唯一参加脑代谢的氨基酸，可维持大脑机能，促进智力发育。

贝类
鱼类

贝类和鱼类含有较多的不饱和脂肪酸，是构成神经细胞膜的重要物质，能参与制造脑细胞。贝类和鱼类的碳水化合物含量非常低，几乎都是蛋白质，可在短时间内为大脑提供酪氨酸，激发大脑释放能量，提高大脑功能，使记忆力更加稳定。

香菇、金针菇中赖氨酸含量较高，它是构成蛋白质的必需氨基酸，能提高中枢神经系统功能。试验证明，经常吃金针菇、香菇的孩子，记忆力和接受能力在一定程度上有所增强。

香菇 金针菇

木耳有白木耳与黑木耳之分，据《神农本草经》记载，木耳"益气不饥，轻身强智"，被称为"延年益寿之品"。木耳的营养丰富，其中卵磷脂、维生素、无机元素是主要的益智成分，特别适合因学习压力过大导致记忆力衰退的孩子。

木耳

紫葡萄中富含类黄酮和多酚，它们是著名的抗氧化剂，可防止大脑细胞氧化受损，提高神经系统信息传输能力，是短时间改善记忆力的最佳食物之一。

紫葡萄

苹果中富含锌，当其进入人体后，与其他元素发生作用生成与记忆力密不可分的核酸和蛋白质，有利于减缓大脑细胞老化，是增强记忆力和生长发育的关键元素。

苹果

杏仁 核桃等 坚果

杏仁、核桃等坚果含有 ω–3 系列脂肪酸，具有抗氧化、改善血液循环的作用，保证脑供血充足，有利于大脑增强记忆。

菠菜

菠菜中含有丰富的维生素 A、维生素 C、维生素 B$_1$ 和维生素 B$_2$，是脑细胞代谢的"最佳供给者"之一。此外，它还含有大量叶绿素，也具有健脑益智作用。

土豆

土豆中的葡萄糖进入人体后，在十五分钟内就能到达脑部，使大脑及时获取营养，有助于提高记忆力。

白果

白果被誉为"大脑的拯救者"，在白果中含有西阿黄素等 160 余种银杏叶精华素，以及丰富的维生素、矿物质和活性成分，在临床上被用于增强记忆力，是防衰老的保健品。

健康早餐方案

方案 1 小米鳝鱼粥 + 香烤蔬菜三明治 + 酸奶

小米鳝鱼粥

原料：鳝鱼净肉 50 克，小米 100 克，胡萝卜 1/3 根，生姜、盐、白糖各适量。

制作方法：

1. 鳝鱼切成丁，生姜切末，胡萝卜去皮切碎，小米洗净。

2. 锅中加水适量，大火煮沸后放入小米，转小火煮 20 分钟。

3. 加入姜末、鳝鱼肉丁、胡萝卜碎，调入盐、白糖，续煮 15 分钟即成。

香烤蔬菜三明治

原料：平菇、香菜、金针菇、洋葱等各适量，植物油、甜面酱、胡椒粉、孜然粉等各少许，全麦面包 2 片。

制作方法：

1. 蔬菜洗净，切成中等大小的块，甜面酱用温开水调成糊状，根据个人口味调味。

2. 锅中热少许油，将蔬菜放入锅中，用木锅铲反复按压，至蔬菜煎熟位置。

3. 将煎好的蔬菜放在面包片上，淋上酱料，撒胡椒粉和孜然粉，盖上另一片面包即成。

方案 2 香菇肉丝面 + 鸡蛋

香菇肉丝面

原料：面条 100 克，鲜香菇 3 朵，瘦猪肉 50 克，油菜 50 克，葱、盐、香油各适量。

制作方法：

1. 香菇洗净去蒂切丝，瘦肉洗净切丝，油菜切碎，香葱洗净切丁。

2. 锅中水开后，放入面条稍煮片刻，放入香菇丝，用筷子搅动使之不黏锅。

3. 待面条煮至七成熟时放入肉丝，起锅前放油菜、盐、香油，盛出后撒香葱。

方案 3 麻酱玉米面 + 凉拌剁椒木耳

麻酱玉米面

原料：玉米切面（或荞麦切面）、黄瓜、蒜泥、盐、芝麻酱、辣椒油、芥末油、香菜各适量。

制作方法：

1. 将玉米切面煮熟，捞出后过凉水备用。

2. 黄瓜切丝，芝麻酱加凉开水调成糊，调入蒜泥、盐、辣椒油、芥末油。

3. 将黄瓜丝放在面条上，浇上芝麻酱调料，拌匀后撒香菜。

凉拌剁椒木耳

原料：干黑木耳 10 朵，剁椒 30 克，青葱 2 根，姜 1 小块，大蒜 2 瓣，白糖 1 茶匙，白芝麻、香醋、生抽、盐、味精、香油、白胡椒粉各适量。

制作方法：

1. 木耳泡发后洗净，撕成小块，放入开水中焯烫半分钟，捞出后过凉。

2. 青葱和姜切成末，大蒜压成泥，与剁椒混合后撒在木耳上。

3. 调入香醋、糖、生抽、香油、盐、味精和胡椒粉，搅拌均匀后撒白芝麻。

方案4 红薯小米粥 + 芝麻菠菜 + 馒头

红薯小米粥

原料：红薯（大）1个，小米70克，大米20克。

制作方法：

1. 小米、大米淘净后入锅，加水大火煮沸，转小火熬。

2. 在煮粥过程中，将红薯去皮切大片，放入微波炉中高火转1~12分钟。

3. 将红薯压成红薯泥，慢慢加入粥中，搅匀直至粥熟。

芝麻菠菜

原料：菠菜200克，白芝麻50克，盐、香醋、香油、味精各适量。

制作方法：

1. 菠菜择洗干净，沥净水，用开水焯3~4分钟至断生，迅速捞出后过凉，沥干水分装盘。

2. 将芝麻炒香，将盐、香醋、香油、味精调成调味汁，与菠菜拌匀即可。

方案5 白果腐竹粥 + 生菜鸡肉油醋沙拉 + 玉米面小馒头

白果腐竹粥

原料： 大米 100 克，白果 12 克，腐竹 50 克，酱油少许。

制作方法：

1. 白果去壳，将两边切开去掉白果心；大米洗净用少许酱油拌匀；腐竹用凉水浸泡，并切成块。

2. 将大米与适量清水放入锅中，大火煮沸后加入白果、腐竹，转小火熬煮成粥，焖片刻即可出锅。

生菜鸡肉油醋沙拉

原料： 生菜叶 4 片，紫甘蓝 2 片，熟鸡肉 200 克，橄榄油、白醋、蜂蜜各 1 勺，生抽 1/2 勺，香油、胡椒粉、盐各适量。

制作方法：

1. 原料洗净，将生菜叶撕成小片，紫甘蓝切丝，熟鸡肉撕成丝。

2. 将生菜、紫甘蓝丝、熟鸡肉丝装入盘中，再将所有调味品调匀，浇在蔬菜上，拌匀即可。

方案6 山药鸡蛋黄粥 + 玉米摊饼 + 花生米拌香干

山药鸡蛋黄粥

原料： 山药 30 克，大米 120 克，鸡蛋 1 个。

制作方法：

1. 将山药洗净蒸熟切碎，与大米下锅同煮粥。

2. 待煮熟快起锅前，将鸡蛋打碎，取出蛋黄打散，倒入粥中搅匀即可。

玉米摊饼

原料： 玉米粉 200 克，小麦面粉 60 克，鸡蛋 5 个，白糖 60 克，发酵粉 1 克，花生油 50 克。

制作方法：

1. 将玉米粉、面粉放入盆内，加入糖、鸡蛋液及适量清水搅匀成稠糊状，放入发酵粉充分搅匀。

2. 将平锅内抹上花生油，烧热后倒入玉米糊，抹平，成厚约 1.5 厘米的饼。

3. 加盖用小火煎，待饼出香味、颜色金黄时，翻面煎至饼熟，出锅后切成小块。

花生米拌香干

原料： 豆腐干（熟）250 克，花生仁（炸）100 克，酱油 5 克，味精 3 克，香油 5 克。

制作方法：

1. 豆腐干切成丁，放入开水锅里烫一下，取出沥干水分；油酥花生米去红衣，拍成碎粒。

2. 将豆腐干丁、花生米碎粒、味精、酱油、香油放入碗中拌匀即成。

方案7 奶香白果羹＋西葫芦蛋饼

奶香白果羹

原料： 白果 4 个，牛奶 250 毫升，芋头 3 个，盐、白糖各适量。

制作方法：

1. 白果放入锅中，加水适量，调入白糖煮熟。

2. 芋头蒸 10 分钟，晾凉后压成泥。

3. 将牛奶倒入锅中，放入芋头泥，搅拌均匀。

4. 牛奶煮沸后放入白果即成。

西葫芦蛋饼

原料： 西葫芦 1 个，鸡蛋 2 个，面粉 250 克，盐、香油各适量。

制作方法：

1. 西葫芦洗净后去硬蒂，擦成丝，调入盐后静置 10 分钟。

2. 鸡蛋打散，调入香油、面粉搅成面糊，与西葫芦丝混合。

3. 锅中热少许油，倒入面糊，中火煎至两面金黄色即成。

方案8 鲜虾云吞面

鲜虾云吞面

原料： 虾仁 3 个，鸡肉馅馄饨 2 个，油菜 2 棵，紫菜、香菇、龙须面、鸡汤、鸡精、香葱、海米、盐、胡椒粉、香油、香菜各适量。

制作方法：

1. 原料洗净，油菜烫熟，香菇切片，香葱切末。

2. 锅中放入适量清水，放入面条和馄饨，煮熟后捞出。

3. 煮面的同时加热鸡汤，煮沸后放入虾仁、海米、香菇、紫菜、油菜，调入胡椒粉、鸡精、香油，将鸡汤浇在面条和馄饨上，撒香菜末即成。

这样吃早餐，有助于缓解视疲劳

　　繁重的功课、电脑电视的诱惑，让不少孩子的眼睛提早进入"老龄化"，如爱流眼泪、眼睛发干发涩、暂时视觉模糊等，这些都是眼睛在疲倦时发出的信号。如何预防眼睛疲倦的发生或者在出现疲倦时如何改善不适症状？专家认为，除了做眼保健操、适当休息外，还要从日常饮食着手，养成良好的饮食习惯，让眼睛保持活力十足。

饮食提示

1 多吃蛋白质含量高的食物

在早餐中增加鱼、瘦肉、蛋类等富含蛋白质食物的供应，在食用时以植物性蛋白质为主，动物性蛋白质为辅。可将动物性食物与玉米等粗粮搭配烹制，使蛋白质更利于孩子吸收。

2 多食用富含维生素的食物

维生素 A、叶黄素、维生素 B_2 对眼睛都具有保护作用。叶黄素可预防视网膜黄斑病变，提高视力；维生素 A 可防治角膜干燥、退化；维生素 B_2 能为视神经提供充足营养。

3 补钙的同时多补充维生素

钙质除了促进骨骼发育外，对视网膜、上角膜以及睫状肌均可起到保护作用，可保护双眼、提高视力。在饮食中，除了适量补充钙质外，维生素 A、维生素 C、维生素 D 等元素可促进钙质吸收。

4 增加硬质食物的摄取

咀嚼有助于眼部肌肉的运动，提高眼睛的自我调节能力，为了改善眼睛疲劳，家长应在饮食中适当增加硬食。

5 减少摄盐量

当人体摄入盐分过多，餐后大量饮水，就会导致体内钠元素大量潴留，造成身体各细胞组织充水。此外，在睡眠中眼睑活动减少，眼部血液流动减慢，水分很难被及时排出，从而造成眼部水肿，易引起眼睛红肿、疼痛等不适症状。

主要食物推荐

胡萝卜　胡萝卜中富含 β-胡萝卜素，进入体内可以转变成维生素 A，它能维持上皮组织正常机能，滋养眼球和眼部肌肉，对于改善视力特别是暗视力大有帮助。

豆类　豆类及其制品中含有丰富的蛋白质、钙质，能够为眼睛提供充足营养，消除眼部肌肉紧张。

黑芝麻　黑芝麻具有养血补肝的作用，自古便有"明耳目"的美誉。芝麻含有丰富的营养素，如蛋白质、钙质、维生素 A、维生素 B、维生素 D、维生素 E、油酸、亚油酸等，均是保护眼睛功能的重要物质，常吃可缓解眼睛干涩，令眼睛更加明亮。

海带　海带晒干后表面有一层厚厚的白霜，这层白霜就是甘露醇。甘露醇具有利尿功能，可减轻眼内压力，对长时间或不当用眼造成的眼睛疲倦、干涩有较好的缓解作用。此外，海带中含有铁元素，能提高血液输送功能，为眼睛提供充足的氧气和营养。

奶油奶酪黄油 奶油、奶酪、黄油中富含人体必须的脂肪酸和维生素A、维生素D，适量食用可改善眼球干涩，并能提高钙质吸收。

枸杞子 枸杞子具有养肝明目的作用，在民间又有"明目了""明目草子"之称，现代医学证明，枸杞子含有丰富的胡萝卜素、维生素A、维生素B、维生素C、钙、铁等，是保护眼睛很有较的物质，可与菊花搭配食用。

木瓜 维生素A是保护视网膜感光的重要物质，过度用眼会导致维生素A大量消耗，导致眼睛疲劳、视力下降、干涩、疼痛怕光。吃木瓜有助于补充维生素A，还能起到抗炎抑菌的作用。

香蕉 香蕉含有丰富的钾元素，有助于排出体内多余盐分，防止水分潴留，可缓解眼睛的不适症状。

健康早餐方案

方案1 葱香三明治 + 豆浆 + 时令水果

葱香三明治

原料：吐司面包3片，奶酪3片，洋葱、青红椒、大葱、盐、胡椒粉、黄油各适量。

制作方法：

1. 吐司切去硬边，洋葱、青红椒切碎后用盐、胡椒粉、黄油拌匀。

2. 将馅料均匀地涂抹在吐司上，上面盖上奶酪。

3. 将吐司沿对角线切开，并将其对折。

4. 将少许大葱碎、红椒碎撒在吐司上，烤箱预热后用180℃烤10分钟。

方案2 豆浆木瓜蛋羹 + 全麦面包

豆浆木瓜蛋羹

原料：木瓜 1/2 个，鸡蛋 2 个，豆浆、盐各适量。

制作方法：

1. 木瓜去皮、去籽，切成丁；鸡蛋取蛋黄，调入少许盐，搅拌均匀。

2. 将蛋黄豆浆液倒入容器中，再加入木瓜丁，用保鲜膜密封后在膜上扎几个小孔，大火蒸 8 分钟。

方案3 香蕉鱼卷 + 吐司面包 + 黑豆核桃奶

香蕉鱼卷

原料：净青鱼肉 300 克，香蕉 3 根，干淀粉 50 克，鸡蛋 2 个，面包糠 80 克，果酱 30 克，盐、料酒、葱段、姜片各适量。

制作方法：

1. 将净青鱼肉切成长 6 厘米、宽 5 厘米、厚 0.3 厘米的片，用料酒、盐、葱段、姜片腌入味，再用蛋清、淀粉挂浆。

2. 香蕉去皮，切成筷粗细的条状，干淀粉用鸡蛋调成糊。

3. 将鱼片平铺在案板上，放上香蕉条卷成卷，在表面拍适量干淀粉，均匀裹上蛋糊，最后沾一层面包糠。

4. 锅中油热至五成，放入香蕉鱼卷炸至酥脆、色泽金黄，用吸油纸吸去多余的油，淋适量果酱。

黑豆核桃奶

原料：黑豆粉 500 克，核桃仁 500 克，牛奶 1 包，蜂蜜 1 匙。

制作方法：

1. 将黑豆炒熟后，变凉后磨成粉；核桃仁炒微焦去衣，待冷后碾碎。

2. 取黑豆粉和核桃碎 1 匙，冲入煮沸过的牛奶，加入蜂蜜 1 匙，搅拌后即可饮用。

方案 4　牛奶 + 芝麻煎蛋 + 火腿奶酪吐司

芝麻煎蛋

原料：鸡蛋 1 个，红椒 1/4 个，黑白芝麻各适量。

制作方法：

1. 红椒洗净后去籽，切成碎末，黑白芝麻焯熟。

2. 锅中热少许油，打入鸡蛋，待蛋液略微凝固时撒上红椒碎和芝麻，煎至两面全熟。

火腿奶酪吐司

原料：吐司面包 2 片，奶酪 1 片，火腿 1 片，生菜叶 1 片。

制作方法：

将吐司加热后放入盘中，依次放上奶酪片、生菜叶、火腿片，也可以将煎鸡蛋夹在面包中。

方案 5 柠香牛奶蛋饼 + 时令水果 + 牛奶

柠香牛奶蛋饼

原料：面粉 100 克，鸡蛋 1 个，白糖 30 克，黄油 10 克，柠檬香精 2 滴，牛奶 125 毫升，蜂蜜少许。

制作方法：

1. 将面粉筛入容器中，鸡蛋打散后加入白糖搅拌均匀。

2. 黄油加热后倒入蛋液中，滴入柠檬香精（可用 1 匙柠檬水替代），搅匀后倒入面粉中，沿一个方向搅拌均匀。

3. 将牛奶分数次倒入，边倒边搅拌均匀，当面粉与牛奶充分融合、稍黏稠时，静置 5 分钟。

4. 锅底均匀涂一层薄油，盛入一勺蛋奶糊，摊成薄厚均匀的饼，对折后装盘，食用前淋少许蜂蜜。

方案 6 豌豆粥 + 黄瓜三文鱼土豆沙拉 + 馒头

豌豆粥

原料：豌豆 50 克，米饭 1 碗。

制作方法：

豌豆煮烂后剥去皮，将豌豆、煮豆水和米饭放入锅中，煮成粥。

黄瓜三文鱼土豆沙拉

原料：黄瓜 1/2 根，土豆（大）1 个，三文鱼 50 克，盐、胡椒粉、奶酪各适量。

制作方法：

1. 黄瓜切碎，三文鱼切小片，土豆煮熟后碾成泥状。

2. 将黄瓜碎、三文鱼片和土豆泥放入容器中，调入盐、胡椒粉和奶酪，蒸熟后放凉食用。

方案7 核桃黑芝麻蜂蜜豆浆 + 煎鳕鱼 + 全麦面包

核桃黑芝麻蜂蜜豆浆

原料：黑豆浆 250 毫升，核桃仁、黑芝麻、蜂蜜各适量。

制作方法：

1. 核桃仁、黑芝麻炒熟后研成粉末，豆浆加热。

2. 核桃粉和黑芝麻粉各取 1 匙，冲入温热的豆浆中，调入蜂蜜即成。

煎鳕鱼

原料：鳕鱼 2 片，菠菜 3 棵，胡萝卜、洋葱、大蒜、芹菜、面粉、辣椒粉、盐、胡椒粉、味噌酱各适量。

制作方法：

1. 鳕鱼洗净后沥干水分，将面粉、辣椒粉、盐和胡椒粉混合，均匀地扑在鳕鱼两侧。

2. 锅中热少许油，中火将鳕鱼片煎至两面金黄（每一面煎 2~3 分钟），煎熟后盛出。

3. 胡萝卜、洋葱、芹菜、大蒜切丁，菠菜烫熟后切段。

4. 锅中热少许油，倒入蔬菜丁翻炒变软，将味噌酱稀释后倒入蔬菜中，加水 100 毫升，煮开后转小火煮至入味。

5. 将蔬菜丁和味噌酱浇在鳕鱼上，菠菜摆放在鳕鱼盘中。

方案 8　平菇菠菜粥 + 蔬菜豆腐卷 + 干煎小黄鱼

平菇菠菜粥

原料：大米、平菇、菠菜各 100 克，鸡精、盐、清水各适量。

制作方法：

1. 原料洗净，大米放入锅中，加水适量，大火煮沸后转小火熬煮。

2. 菠菜、平菇切小丁，将平菇放入煮好的粥中，大火煮沸后转小火煮 10 分钟。

3. 加入菠菜，大火煮沸后调入鸡精、盐即成。

蔬菜豆腐卷

原料：豆腐皮1张，金针菇、韭菜、胡萝卜、黄瓜、豆芽、黑白芝麻、盐各适量。

制作方法：

1.原料洗净，豆腐皮切成宽度适中的长段，蔬菜切成小块（段），芝麻炒香。

2.锅中加水适量，调入少许盐，煮沸后分别放入蔬菜汆烫，捞出后沥干水分。

3.将蔬菜分别包在豆腐皮中，卷紧后用韭菜打成结固定即成。

干煎小黄花鱼

原料：小黄花鱼2条，植物油、盐、酱油、料酒、白糖、胡椒粉各适量。

制作方法：

1.小黄花鱼洗净，去内脏，在鱼身上划几道，提前用盐、料酒、酱油、白糖、胡椒粉腌制。

2.锅加热，倒入油，油烧热后将小黄花鱼放入锅中，小火煎熟，煎制期间翻面数次。

08

这样吃早餐，有助于提高大脑思维

早餐是大脑的"开关"，早餐能提高大脑的思维能力，使人头脑清醒、思维敏捷。对正处于紧张学习阶段的儿童来说，利用健康合理的早餐进行调养，比吃补品更重要。

饮食提示

1 适当食用一些甜食

糖能提供给大脑细胞充足的能量，提高其活性，促进大脑思维活动。有关专家曾对数百名学生做过试验，他们将学生分成两组，一组适量食用一些甜食，另一组则完全不吃这类食物。试验结果显示，适量进食甜食可使机体保持活力。

2 摄入丰富蛋白质

蛋白质是构成大脑的基础物质，也是大脑发育所必需的营养素之一，如果蛋白质消耗过多，又没有及时补充，就会造成体力和智力下降，反应敏捷度也会相对减弱。

3 适当补充磷

磷参与神经纤维的传导活动，对大脑的反应具有间接调控功能。

4 不能长期过饱食

适当饮食使人头脑清醒、思维敏捷，如果早餐长期吃得过饱，就会影响脑内血液供氧量，大脑中被称为"纤维亚细胞生长因子"的物质明显增多，会令大脑思维迟钝。

5 干嚼食物

干嚼食物可提高神经反射弧的兴奋性，增加脑细胞信息传递，显著提高大脑的思维力。

主要食物推荐

生姜　生姜除了含糖、蛋白质外，还含有姜辣素和挥发油，这两种物质能稀释血液，使血流通畅，为大脑提供更多的营养物质。

洋葱　洋葱中含有抗氧化剂——硒，它可以延缓大脑神经细胞衰老，具有醒脑益智作用。此外，洋葱中还含有二硫化物、二烯丙基等成分，可舒张血管、提高大脑供氧、缓解紧张疲倦，起到活跃思维的作用。

大蒜与含有维生素 B_1 食物搭配食用，可产生蒜胺化合物，能提高葡萄糖转化为能量的速度。此外，大蒜中还含有蒜素，它是一种挥发性物质，可以舒展血管，增加脑内血液流量。

橘子

橘子富含维生素 A、维生素 B 和维生素 C，可以促进酸性食物代谢，防止其对神经系统造成危害。此外，橘子味酸，适量吃些橘子，能使人精力充沛，能起到醒脑、增加思维能力的作用。除了橘子外，橙子、广柑、芦柑等都具有相同的作用。

菠菜

菠菜含有丰富的类胡萝卜素、磷、核黄素等营养物质，能够维持视力和上皮细胞健康，保护视力。

三文鱼

三文鱼含有丰富的亚油酸等物质，亚油酸能改善眼睛干涩不适，同时也是保护视力不可缺少的营养成分。

绿茶

绿茶虽然也含有咖啡因，不过它的刺激性远远小于咖啡，将其入菜或饮用可提高中枢神经系统活性，延缓老细胞老化，使人保持头脑敏锐。

健康早餐方案

方案 1 虾仁蒸鸡蛋＋鲜奶芝麻糊＋全麦面包＋水果

虾仁蒸鸡蛋

原料：虾泥 50 克，虾仁 5 个，鸡蛋 2 个，猪骨汤 325 毫升，裙带菜 10 克，金针菇 30 克，生姜、大葱、盐、白糖、香油各适量。

制作方法：

1. 取一个鸡蛋打散，调入猪骨汤、虾泥、葱末、白糖、盐、香油搅匀。

2. 虾仁、裙带菜（泡发）、金针菇末放入锅中，调入少许生姜末、盐、白糖、胡椒粉快速炒熟。

3. 将鸡蛋液上锅中火蒸 8 分钟，再打入一个鸡蛋蒸 2 分钟，放入虾仁等配料，最后撒少许葱丝。

鲜奶芝麻糊

原料：牛奶 50 毫升，黑芝麻 120 克，糯米粉 2 勺，白糖适量。

制作方法：

1. 黑芝麻炒香后研磨成粉，糯米粉用凉开水调匀。

2. 锅中倒入清水 500 毫升，煮沸后加入黑芝麻粉，大火煮沸。

3. 加入牛奶即成。

方案 2 黑芝麻红糖藕粉 + 蒜香三文鱼鱼尾 + 玉米窝头

黑芝麻红糖藕粉

原料：藕粉 1 袋，红糖、黑芝麻各适量。

制作方法：

1. 将藕粉倒入容器中，用温水稍稍淋湿，再用沸水冲调搅拌均匀。

2. 将黑芝麻焯熟、研成粉末，在藕粉羹中调入芝麻粉和红糖即成。

蒜香三文鱼鱼尾

原料：三文鱼鱼尾数个，植物油、盐、胡椒粉、大蒜各适量。

制作方法：

1. 将鱼尾洗净，用盐、胡椒粉腌制 20 分钟；大蒜切末。

2. 锅中热少许油，将蒜末铺在锅底，鱼尾放在蒜末上，小火煎 2~3 分钟后翻面，两面煎熟。

方案 3 鸡蛋饭团 + 番茄洋葱沙拉 + 豆奶

鸡蛋饭团

原料：鸡蛋 1 个，热米饭 1 碗，盐、芝麻、海苔碎、肉松各适量。

制作方法：

1. 鸡蛋打入碗中，调入 1 勺水、少许盐打散，入锅炒熟并切碎。

2. 将米饭与少许盐、芝麻、海苔碎和肉松拌匀，捏成饭团。

3. 取大小适中的保鲜膜一张，将 1/4 炒鸡蛋铺在保鲜膜中间，鸡蛋上放饭团。

4. 揪住保鲜膜四角，将鸡蛋和饭团拧成一团，确定不会松散后将保鲜膜揭下，饭团装盘。

番茄洋葱沙拉

原料：番茄 3 个，洋葱 1 个，橄榄油、醋、盐、胡椒粉各适量。

制作方法：

1. 洋葱横向切成细丝，放入水中浸泡 10 分钟。
2. 番茄切片摆在盘中，撒少许盐。
3. 洋葱丝撒在番茄片上，调入橄榄油、醋、胡椒粉即成。

方案 4 小米粥 + 葱油花卷 + 碧桃鸡丁

葱油花卷

原料：发面团、香葱、色拉油适量。

制作方法：

1. 将压好的发面团擀成方形薄片，淋上适量的色拉油，涂抹均匀，后均匀地撒上少许盐和香葱碎。
2. 将面片卷起成条切成长方形，然后从中间切开，捏住两边，朝相反的方向旋转。
3. 将两端捏紧，使面团成花卷状。
4. 凉水锅上屉，水开后蒸 20 分钟。

碧桃鸡丁

原料： 鸡脯肉200克，核桃仁75克，青豆30克（青菜、黄瓜也可），葱小段、蒜片、蛋清、水淀粉、精盐、味精、料酒各适量。

制作方法：

1. 将鸡脯肉切成丁，与精盐、料酒、蛋清混匀（上浆）；清汤、精盐、味精、水淀粉调制成汁。

2. 锅置于火上，放入植物油，烧至五成热时，将鸡丁入油中炒熟，捞出，控净油；核桃仁，用温水泡，剥去外皮。

3. 炒锅加油少许，下葱段、蒜片爆香，烹入料酒，加入鸡丁、青豆、核桃仁煸炒，倒入调好的汁，迅速翻炒均匀，出锅装盘。

方案 5 芝麻三文鱼饭团 + 豆浆 + 时令水果

芝麻三文鱼饭团

原料： 烟熏三文鱼、米饭、熟黑芝麻适量。
制作方法：

1. 将烟熏三文鱼切碎，与米饭、黑芝麻拌匀。
2. 取出一小块米饭放到保鲜膜上，将其拧成团即成。

菠菜奶酪煎蛋 + 烤吐司片 + 牛奶

 菠菜奶酪煎蛋

原料： 鸡蛋 1 个，蛋清 1 个，菠菜 50 克，奶酪 1/2 片，盐少许。

制作方法：

1. 鸡蛋打散，调入少许盐，菠菜切碎。

2. 锅中热油至七成热，放入菠菜，炒至将熟时盛出。

3. 锅中放少许油，倒入蛋液，中火煎至蛋液凝固一半时，放入菠菜和奶酪。

4. 转小火，煎至奶酪融化，将煎蛋对折后盛出。

 奶酪全麦餐包 + 绿茶奶茶 + 水果泥虾仁

 **奶酪全麦餐包**

原料： 全麦早餐包 3 个，培根 100 克，奶酪丝 30 克，圣女果 3 个，意大利混合香料适量。

制作方法：

1. 将餐包沿对角线切开（不能切断），将培根切成细丝，塞入面包划开的缝隙中。

2. 接着将奶酪丝塞入缝隙中，撒上混合香料，圣女果切两半。

3. 将餐包放入烤盘中，170℃烤 10 分钟即可。

绿茶奶茶

原料： 绿茶10克，咖啡伴侣2勺（脱脂牛奶60毫升），奶茶粉1勺，热开水500毫升。

制作方法：

1. 将绿茶放入容器中，用热水浸泡10~20分钟。

2. 在杯中放入咖啡伴侣、奶茶粉，加入40毫升热水，调匀后加入400毫升绿茶汤。

3. 杯子密封后，急速摇动20次即成。

水果泥虾仁

原料： 草莓（猕猴桃、芒果等时令水果）、虾仁、黑芝麻、盐、豌豆、料酒各适量。

制作方法：

1. 原料洗净，水果切丁，取一部分打成果泥。

2. 虾仁用盐、料酒腌制5分钟，放入开水中焯熟；豌豆同样焯熟。

3. 虾仁、豌豆沥干水，装盘后淋上果泥，撒黑芝麻即成。

方案8 腊肠炒洋葱 + 肉松吐司卷 + 红豆小米豆浆

腊肠炒洋葱

原料： 洋葱1个，腊肠（细）2根，盐适量。

制作方法：

1. 洋葱切条，腊肠斜切片。

2. 锅中热少许油，放入腊肠炒熟后，再下入洋葱、盐翻炒至洋葱透明即成。

肉松吐司卷

原料：吐司面包 4 片，鸡蛋 1 个，盐、胡椒粉、肉松、香菜各适量。

制作方法：

1. 香菜切碎；鸡蛋打散，调入盐、胡椒粉、香菜碎，搅拌均匀。
2. 将吐司片的硬边切掉，用刀身微微压扁，撒上肉松。
3. 在吐司面包末端抹上少许鸡蛋液，卷成卷状，均匀地裹上蛋液。
4. 锅中放少许油，放入面包卷煎至表面金黄色即成。

红豆小米豆浆

原料：红豆 60 克，小米 20 克。

制作方法：

1. 红豆小米洗净，分别用水浸泡一夜。
2. 将红豆、小米倒入搅拌机或豆浆机中，加入清水，打成浆即可。

方案9 海鲜瘦肉蔬菜蛋饼 + 即冲牛奶燕麦粥

海鲜瘦肉蔬菜蛋饼

原料：面粉 4 勺，鸡蛋 1 个，虾仁 7 个，瘦猪肉 20 克，鱼肉、生菜、黑木耳、西兰花、小葱、番茄酱、沙拉酱、盐各适量。

制作方法：

1. 原料洗净，瘦肉、虾仁、鱼肉、西兰花、黑木耳、小葱切末，调入少许盐炒至五成熟。
2. 鸡蛋打散，调入少许水和适量面粉，搅匀后倒入炒好的馅料中。
3. 搅拌均匀后倒入锅中小火煎至两面金黄，铺上生菜，淋番茄酱、沙拉酱，卷起后切段即成。

CHAPTER

09

这样吃早餐，有助于赶走焦虑情绪

　　紧张的学习、繁重的考试、父母的期盼，让孩子承担过多的压力，精神紧张、忧虑烦恼是青少年常有的状态。当大脑长期超负荷运转时，生理功能极易遭到破坏，从而引发各种疾病。因此，为孩子准备一顿营养早餐势在必行。

饮食提示

1 多吃富含维生素 B 和钙的食物

维生素 B 和钙对情绪具有调节作用，能维持神经系统的完整性，可以间接对情绪进行调控。应注意的是，日常饮食尽量不要喝咖啡，以减少钙质等元素的流失。

2 多吃富含钾、镁元素的食品

出汗过多、消化吸收不良等都会造成钾元素流失，导致水电解质失衡，这种失衡会致使神经系统功能不稳，易于造成情绪焦躁。钾镁元素是一种电解质，能保持体内平衡，使大脑神经介质正常有序工作。

3 多食用蛋白质、低脂肪食物

蛋白质不仅能增强免疫力，对神经发育也有一定帮助。应当注意的是，补充蛋白质时应以植物蛋白质和低脂动物性蛋白质为主，高脂食物不易消化，会导致大脑供血量减少，使情绪更加不稳定。

4 补充抗氧化物质

当人体长期处于焦虑状态，会产生很多心理"毒素"，这些"毒素"会使体内生成大量的自由基。自由基对血管、神经等均有破坏作用，容易加重情绪不稳定。适当补充含有抗氧化物质的食物，能有效清除体内自由基，保护神经细胞的完整性。常见的抗氧化物质有维生素 E、维生素 C、番茄红素等。

5 多吃富含氨基酸、色氨酸的食品

血清素具有镇静作用，能够舒缓紧张情绪、放松神经，氨基酸、色氨酸等营养成分进入大脑后，可提高血清素水平，使自律神经处于平衡状态。

6 少吃味精

味精会使孩子血液中的锌转化为谷氨酸，间接抑制神经机能，影响情绪稳定性。制作早餐时尽量少使用或不使用味精，用糖、海鲜酱油等调味品代替味精。

7 快乐饮食应分人群

通常情况下，焦虑情绪有不同表现，在进行饮食调理时也应当因人而异。焦躁的孩子可多补充富含钙、磷丰富的食物，如豆类、海产品、蛋类、绿叶蔬菜、根茎类蔬菜、坚果等，饮食保持清淡。

主要食物推荐

坚果

核桃、松子、葵花籽、栗子等坚果中含有丰富的锌、氨基酸、ω-3脂肪酸等营养物质，维持脑部正常功能的同时，还能提高脑部复合胺的水平，保持情绪稳定，对抗抑郁。

香蕉　香蕉富含生物碱、色氨酸和维生素 B_6，生物碱对人体中枢神经系统有明显的兴奋作用，色氨酸和维生素 B_6 能帮助大脑制造血清素，振奋精神，增强信心。

猕猴桃　被称为"水果之王"的猕猴桃含有丰富的维生素C，不仅可以增强身体的抵抗力，还能为身体制造多巴胺，提高人体对快乐的预期，赶走焦虑情绪，这些均是人脑中"愉悦因子"的。

南瓜　南瓜之所以可以缓解紧张情绪，是因为它富含维生素 B_6 和铁，这两种营养素都能促进血糖转变成葡萄糖，给大脑提供能量，起到兴奋神经、调节心情的作用。除了南瓜肉以外，南瓜子也能产生相同的作用，可作为早餐辅食食用。

菠菜　叶酸与神经系统联系紧密，如果体内缺乏叶酸，就会导致大脑中血清素减少，影响神经介质合成，久而久之就会出现无法入睡、健忘、焦虑等症状。几乎所有的绿色蔬菜和水果都含有叶酸，其中菠菜的叶酸含量名列前茅。除此以外，动物肝脏、糙米、小麦胚芽、豆类也是叶酸的来源之一。

鸡肉 维生素 B_{12} 能维持神经系统健康，消除烦躁不安，主要存在于动物肝脏、红肉以及鸡肉等食物中。其中，鸡肉以脂肪含量低、蛋白质丰富占有绝对优势，是补充维生素 B_{12} 的最佳动物性食物来源。为了降低鸡肉的脂肪，烹制前应将鸡皮去掉。

燕麦 燕麦被称为"维生素 B 的集中地"，是保持中枢神经系统稳定的重要营养素之一，早餐时喝一碗燕麦粥有助于平复心情。此外，燕麦释放能量速度较慢，可避免血糖因骤升造成极度兴奋而引起烦躁、焦虑等情绪。

圆白菜 为了对抗压力，人体会自动释放自由基，但自由基过多又会出现副作用。圆白菜中富含抗氧化物质，如维生素 A、维生素 C、维生素 E、胡萝卜素和矿物质硒。抗氧化物质能抵挡自由基对身体的破坏，同时将色氨酸转化成为血清素，从而起到使情绪高涨的作用。

甜椒 甜椒被称为"血液清道夫"和"解毒剂"，它富含浓缩维生素 C 以及类胡萝卜素，比其他食物拥有更强的抗压性，可生食、烤制或做成甜椒酱。

黄瓜　黄瓜性凉，具有凉血去火的作用，对肝脏很有好处。当肝脏获取充足的营养，同时温度保持适中时，可以对荷尔蒙分泌起到平衡作用，帮助孩子战胜压力，改善不良情绪。

芦笋　芦笋有助于生成红细胞，同时富含谷胱甘肽，这两种物质可以帮助肝脏正常运作，且具有调畅情绪、调畅气机的作用。

海带紫菜　在海带、紫菜中，蛋白质含量非常高，能够合成荷尔蒙、血清素和去甲肾上腺素，这三种物质可改善神经系统运作，使人保持心情愉悦。此外，海带、紫菜中的蛋白质（主要指氨基酸）可以为肝脏补充能量、排除毒素，起到疏肝理气、调畅情志的作用。

糙米　糙米的米糠和胚芽中含有丰富的维生素 B 和维生素 E，能提高人体免疫功能，促进血液循环，改善人们情绪，使人充满活力。

健康早餐方案

 方案 1 果仁糙米粥 + 虾皮韭菜炒鸡蛋 + 馒头

果仁糙米粥

原料：糙米 60 克，大米 20 克，核桃仁、葡萄干等适量。

制作方法：

1. 糙米提前浸泡半个小时，与大米同入锅中，加水适量煮粥。

2. 在粥将熟时，把核桃仁碾碎、葡萄干洗净，放入锅中同煮至粥熟。

虾皮韭菜炒鸡蛋

原料：鸡蛋 4 个，韭菜 50 克，虾皮 30 克，花生油适量。

制作方法：

1. 韭菜择洗净，切碎，鸡蛋磕入碗内；把虾皮、韭菜都加入鸡蛋碗内搅匀。

2. 锅置于火上，倒入花生油，烧至七成热时，将虾皮、韭菜、鸡蛋倒入，快速翻炒至熟，装盘即可。

方案 2 核桃芝麻豆浆 + 米饭杂蔬饼 + 火腿片

核桃芝麻豆浆

原料：核桃仁、黑芝麻各 30 克，黄豆适量。

制作方法：

1. 将黄豆提前浸泡，放入豆浆机中，加水适量打成豆浆。

2. 核桃仁、黑芝麻研成粉末，加入豆浆中，加热后饮用。

米饭杂蔬饼

原料：米饭1碗，胡萝卜1/根，菠菜50克，鸡蛋2个，葱、盐、白胡椒粉、香油、植物油各适量。

制作方法：

1. 将原料洗净，胡萝卜擦成细丝，菠菜焯烫后剁碎，葱切成葱花。

2. 将米饭、胡萝卜丝、菠菜碎、葱花放入容器中，打入鸡蛋搅拌均匀，调入盐、胡椒粉、香油。

3. 将拌好的米饭用保鲜膜捏成饭团，再轻轻压成小饼，在锅中用植物油煎至两面金黄。

方案3 番茄沙司蛋包饭 + 酸奶

番茄沙司蛋包饭

原料：米饭1碗，鸡蛋2个，火腿肠、红黄甜椒、香菇、油菜、青豆、番茄沙司、白胡椒粉、橄榄油、盐、鸡精、料酒各适量。

制作方法：

1. 原料洗净，青豆焯水，火腿、红黄甜椒、香菇切丁，油菜切块。

2. 锅中热少许油，爆香后放入红黄甜椒丁、香菇丁、青豆、白胡椒粉翻炒，再放入火腿丁、油菜翻炒。

3. 翻炒均匀后放入米饭，调入少许盐和鸡精翻炒片刻，盛出。

4. 鸡蛋打散，调入盐、料酒，锅中加油烧至五成热，慢慢倒入蛋液，待蛋饼底部凝固后，将米饭放入蛋饼中间，将其慢慢铺平。

5. 用木铲将饼四边向内折叠，同时在边缘刷一些蛋液，做成蛋包；蛋包成型后翻面，煎片刻；盛出后根据口味涂抹番茄沙司。

方案 4 芝麻紫菜拌饭 + 营养芦笋浓汤

芝麻紫菜拌饭

原料：紫菜、白芝麻、香油、盐各适量，米饭 1 碗。

制作方法：

1. 紫菜撕成小片，放入搅拌机中搅打 10 秒，滴入少许香油。

2. 锅中热少许油，放入紫菜碎，用最小的火翻炒 20 秒，熄火晾凉。

3. 芝麻炒熟后碾碎，将芝麻碎和适量盐调入紫菜碎中，放入瓶内密封（最好放入干燥剂），与米饭拌匀即食。

营养芦笋浓汤

原料：芦笋、洋葱、土豆、鸡汤、盐各适量。

制作方法：

1. 土豆去皮切丁，放入鸡汤中文火炖至熟烂，用搅拌机搅打成浓汤。

2. 芦笋、洋葱切丁蒸熟，打成泥状，倒入温热的土豆鸡汤中，搅匀后调味食用。

方案 5 南瓜双色馒头 + 酸辣圆白菜 + 豆浆

南瓜双色馒头

原料：南瓜、面粉、酵母、白糖各适量。

制作方法：

1. 南瓜去皮蒸熟，捣成泥后调入适量白糖，与面粉按 1:2 的比例揉成面团（期间加入酵母）。

2. 将发酵好的面团排出空气，做成馒头状，冷水上锅，大火蒸 25 分钟，熄火后焖 5 分钟。

酸辣圆白菜

原料： 圆白菜 250 克，干红辣椒、花椒、醋、盐、糖、味精、植物油各适量。

制作方法：

1. 圆白菜撕成小块，洗净后沥干水分，加入适量盐，拌匀后腌10 分钟。

2. 干红辣椒切段，锅中热少许油，加入辣椒、花椒爆香，放入圆白菜煸炒。

3. 加水适量，加盖焖 3~5 分钟，调入盐、糖、味精拌匀，最后调入少量醋即成。

方案6 玉米奶昔 + 黄瓜鸡蛋饼

玉米奶昔

原料： 玉米 1 根，酸奶 100 毫升，水 200 毫升，冰糖适量。

制作方法：

1. 玉米洗净，剥下玉米粒，放入水中煮熟。

2. 将玉米粒连同汤汁一同倒入搅拌机中，打碎后调入酸奶、冰糖，继续打至浆液润滑细致即可。

黄瓜鸡蛋饼

原料： 黄瓜 2 根，鸡蛋 1 个，面粉 200 克，盐、黑芝麻各适量。

制作方法：

1. 黄瓜切丝，与鸡蛋、面粉、盐、黑芝麻混合搅匀，加入少量水。

2. 锅中热少许油，将混合原料下锅煎至两面金黄即成。

方案 7 芋头糙米粥 + 虾仁拌芦笋 + 花卷

芋头糙米粥

原料：芋头（小）5 个，糙米 80 克，大米 20 克，燕麦片适量。

制作方法：

1. 原料洗净，糙米提前浸泡，芋头去皮切块。

2. 将大米、糙米、燕麦片放入锅中，加水适量，大火煮沸后转小火煮 40 分钟。

虾仁拌芦笋

原料：虾仁 250 克，芦笋 180 克，红黄彩椒各 1 个，干淀粉、香油、料酒、白糖、盐、蛋清各适量。

原料：

1. 原料洗净，虾仁用料酒、干淀粉、盐、蛋清腌制，入锅炒熟。

2. 彩椒切丝，芦笋去皮后切段，彩椒、芦笋放入沸水中焯烫，过凉水后沥干水分。

3. 将芦笋段、彩椒丝、虾仁盛入盘中，调入香油、白糖、盐，拌匀即成。

营养鸡肉卷 + 玉米粥 + 紫甘蓝酸奶沙拉

营养鸡肉卷

原料：鸡胸脯肉 1 块，鸡蛋 1 个，面粉、蚝油、料酒、黑胡椒粉、生菜、千岛酱各适量，盐少许。

制作方法：

1. 鸡胸脯肉用刀背拍薄，调入黑胡椒粉、蚝油、料酒，提前腌制入味。

2. 将腌好的鸡胸脯肉切条，放入锅中小火煎熟。

3. 在面粉中加入鸡蛋、盐和水，调成稀面糊，在不粘锅中不放油煎成薄饼。

4. 在煎好的饼上放上生菜、煎鸡肉，淋千岛酱，将饼卷好即成。

紫甘蓝酸奶沙拉

原料：紫甘蓝、酸奶各适量。

制作方法：原料洗净，紫甘蓝切丝，盛入盘中，淋上酸奶拌匀即成。

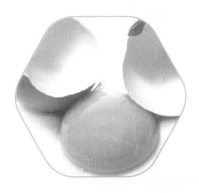

10

这样吃早餐，让孩子不做小胖墩

　　健康的早餐能给孩子提供上午学习、活动和新陈代谢所需的能量，正常进食早餐有助于控制体重，避免午餐摄入食物过多而造成肥胖。给孩子提供健康的早餐是每一位家长应该而且必须要做的事情。

饮食提示

1 替午餐分担一部分热量

孩子在上午的热量和营养素消耗非常大，如果单凭午餐补充消耗的营养和热量，可能会造成两个结果，一方面孩子容易在不知不觉间摄入过多脂肪造成肥胖，另一方面身体可能无法充分吸收利用摄入的营养而出现营养不良。

2 补充一日所需水分的 1/3 量

相关专家指出，除去食物所含水分以及内生水外，中小学生的饮水量每天在 1200~1500 毫升左右，早餐饮水量为 1200*1/3 或 1500*1/3。

3 补充一日所需维生素和叶酸的 1/2 量

减肥不仅只关注碳水化合物和脂肪的摄入，维生素和叶酸也同样重要，这两种营养素有助于提高脏器代谢功能，促进体内多余脂肪排出。一般来说，为了达到减肥或预防肥胖的目的，制作早餐时维生素和叶酸的摄入量至少应当达到孩子一日所需的 1/2。

4 营养兼顾，清淡为主

肥胖不仅是由于营养过剩造成的，不少"小胖墩"肥胖的原因与营养不良也有极大的关系。因此，早餐应当兼顾各种营养，不能偏食、挑食。此外，晨起时肠胃功能相对较弱，过于丰盛的早餐会加重其肠胃负担，所以在兼顾营养的同时，早餐还应以清淡为主。这里的清淡不是指粗茶淡饭，而是控制盐、油脂的摄入，适当增加蔬菜、水果、五谷的摄入量。

5 应选低脂或脱脂牛奶

全脂牛奶中口感虽然较好，但脂肪含量相对较高，不适合肥胖的孩子饮用。对于肥胖或容易发胖的孩子，最好选择低脂或脱脂的牛奶。

主要食物推荐

豆浆

豆浆是用黄豆、黑豆等加工而成，是一种天然植物性食品，可平衡人体营养，调整内分泌和脂肪代谢，激发人体内多种酶的活性。豆浆主要有两个作用，一方面可分解多余脂肪，另一方面又可增强肌肉的活力，既保证了孩子有足够的营养，又达到健康减肥的目的。

冬瓜

冬瓜有去水、利尿的功效。此外，冬瓜容易消化，无论是煮粥还是煮汤都不会增加孩子肠胃的负担，夏天吃还可以预防上火。

黄瓜

黄瓜中含有丙醇二酸，能抑制碳水化合物转化为脂肪，早餐时可与肉类、谷类等食物搭配食用。应注意的是，黄瓜应当吃新鲜的，不宜吃长时间腌制的，黄瓜腌制后相关营养成分会遭到破坏，降低其减肥功效。除了黄瓜外，冬瓜也具有相同功效。

番茄具有水分多、热量低的优点，同时又含有维生素 C、番茄红素、膳食纤维等抗氧化成分，可以减少脂肪的过量摄入，有助于提高脂肪代谢。除了番茄外，葡萄、橙子、柚子、海带、甘蓝、菜花等蔬菜、水果中也含有抗氧化成分，适合在早餐食用。

番茄

早餐后饮用酸奶有助于吸收食物中的有益营养成分，并通过促进肠胃蠕动将多余的脂肪和碳水化合物排出体外。此外，酸奶很容易使人产生饱腹感，可避免过于饥饿造成饮食过量。

酸奶

玉米、小米、糙米、豆类、麦片等粗粮中富含膳食纤维，以玉米为例，玉米中的膳食纤维比白米、白面高出 4~10 倍，有助于吸收并分解体内多余脂肪，防止脂肪堆积。

玉米等粗粮

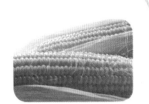

健康早餐方案

方案 1　麦片焖米饭 + 黄瓜肉片汤

麦片焖米饭

原料：麦片 25 克，大米 200 克，鲜牛奶 1 杯。

制作方法：

大米淘洗干净，放清水中浸泡 30 分钟，捞出放入锅中，加入麦片和牛奶，大火煮沸，转小火慢煮 30 分钟，熄火后焖 15 分钟即成。

黄瓜肉片汤

原料：瘦猪肉 50 克，黄瓜 25 克，香油、盐、味精、清汤各适量。

制作方法：

1. 原料洗净，猪肉、黄瓜切片。

2. 锅中倒入清汤，煮沸后放入肉片，再次煮沸后撇去浮沫，加入黄瓜、盐、味精，稍煮片刻，出锅前滴少许香油即成。

方案 2　番茄火腿蛋卷 + 蔬菜玉米麦片粥 + 时令水果

番茄火腿蛋卷

原料：鸡蛋 3 个，番茄 1/2 个，洋葱 1/4 个，火腿 1 片，盐、胡椒粉各适量。

制作方法：

1. 鸡蛋打散，用滤网过滤，调入少许胡椒粉和盐；洋葱、火腿、番茄切丁。

2. 锅中热少许油，中火将洋葱爆香，再放入番茄丁、火腿丁炒香。

3. 倒入蛋液，待蛋液凝固后将蛋饼卷起，两面煎成金黄色，出锅后切段即成。

蔬菜玉米麦片粥

原料： 玉米渣 50 克，燕麦片 20~30 克，大米 30 克，玉米面 20 克，玉米粒、豌豆粒、胡萝卜粒、土豆、西兰花、盐各适量。

制作方法：

1. 原料洗净，玉米渣提前浸泡一夜，与大米一同放入锅中，加足量清水，大火煮沸后倒入玉米糊，边倒边搅匀，转小火慢熬。

2. 粥将熟时将蔬菜切成小丁，与燕麦片一同放入粥中，煮至米粒开花、蔬菜全熟，出锅前调味即成。

方案3 赤小豆粥 + 绿茶豆腐 + 馒头

赤小豆粥

原料： 赤小豆、大米、红豆适量。

制作方法：

1. 将红豆洗净，提前浸泡一夜，放入锅中，加适量清水。

2. 大火煮沸，转小火煮至红豆酥烂；大米洗净后，与赤小豆一同放锅中，以小火煮熟即可。

绿茶豆腐

原料： 绿茶汤 1 小杯，豆腐 1/2 块，香菇 2 朵，胡萝卜 1/3 根，酱油、白糖、盐、水淀粉、香油各少许。

制作方法：

1. 将香菇、胡萝卜、豆腐切片，豆腐煎至两面金黄。

2. 将豆腐盛出，放入胡萝卜、香菇炒香，淋入酱油，放入煎好的豆腐。

3. 调入白糖、盐、绿茶汤，烧至入味，出锅前用水淀粉勾芡、滴香油即成。

方案4 腐皮菠菜卷 + 小米粥 + 鸡蛋

腐皮菠菜卷

原料： 鲜豆腐皮1张，菠菜300克，胡萝卜50克，水发木耳15克，盐、味精、白糖、香油、鸡蛋液各适量。

制作方法：

1. 原料洗净，豆腐皮浸泡10~15分钟，沥干水分。

2. 菠菜焯水后过凉，切成段，沥干水分。

3. 胡萝卜去皮切丝，木耳切丝，二者焯烫后过凉，沥干水分。

4. 将菠菜、胡萝卜丝、木耳丝放入容器中，调入盐、白糖、味精和香油。

5. 将拌好的蔬菜卷入豆腐皮中，用蛋液封好口，上锅蒸5分钟，吃时切段。

方案5 麦片粥 + 蔬菜饼

麦片粥

原料： 麦片300克，牛奶100克，水、白糖各适量。

制作方法：

1. 把麦片和水同入锅置于火上煮。

2. 麦片煮熟后，加入牛奶、白糖搅均匀即成。

蔬菜饼

原料: 中筋面粉 120 克，鸡蛋 1 个，凉开水 180 毫升，牛奶 120 毫升，小白菜 3 棵，葱、姜、胡椒粉、盐各适量。

制作方法:

1. 将面粉、蛋液、凉开水、牛奶一同搅匀，放置 15 分钟；小白菜洗净切末，葱姜切末。

2. 锅中热少许油，放入葱姜末爆香，再放入小白菜翻炒，炒香后倒入面糊中，调入盐、胡椒粉。

3. 锅中再热少许油，将面糊摊成两面金黄的饼即成。

方案6 苹果蔬菜肉末意面

苹果蔬菜肉末意面

原料: 通心粉 40 克，苹果（大）1/3 个，肉末 35 克，洋葱 30 克，胡萝卜 20 克，青豆 10 克，西兰花 50 克，番茄酱、盐、胡椒粉各适量。

制作方法:

1. 原料洗净，胡萝卜、洋葱切末，西兰花撕小朵，苹果切丁，青豆、西兰花焯熟。

2. 通心粉煮熟后过凉，沥干水分，装入盘中。

3. 锅中热少许油，放入洋葱末炒香，再加入肉末炒至变色，最后放入胡萝卜、青豆、西兰花、苹果丁，翻炒均匀，调入番茄酱、盐、胡椒粉。

4. 将炒好的酱料淋在通心粉上，拌匀即成。

 黑芝麻玉米酥饼 + 薏米绿豆奶 + 肉松拌豆腐

黑芝麻玉米酥饼

原料： 玉米粉 80 克，面粉 100 克，蛋黄 2 个，黑芝麻 40 克，泡打粉 1/2 勺，小苏打 1/4 勺，植物油、白砂糖适量。

制作方法：

1. 将植物油、蛋黄、白砂糖、泡打粉、小苏打混合后搅拌均匀，玉米粉、面粉过筛后倒入混合蛋液中，揉成面团。

2. 将面团分成数块，压成饼状，裹上一层黑芝麻；烤箱预热后，将玉米芝麻饼放入烤箱中层，180℃烤制 20 分钟即可。

薏米绿豆奶

原料： 薏米、绿豆各 50 克，牛奶、炼乳、白糖各适量。

制作方法：

1. 原料洗净，绿豆、薏米浸泡后放入锅中煮熟，放凉后冷藏。

2. 吃时将薏米、绿豆取出，加入牛奶、炼乳、白糖加热即成。

肉松拌豆腐

原料： 豆腐 1 块，肉松、黄瓜、大葱、盐、鸡精、香油各适量。

制作方法：

1. 豆腐焯烫后去表面硬皮，碾成豆腐泥后装盘。

2. 锅中热少许香油，放入葱花炒香后浇在豆腐上，调入盐、鸡精、肉松。

3. 将豆腐泥拌匀后，黄瓜切片放在豆腐上即成。

清蒸冬瓜盅 + 木耳银牙海米粥 + 花卷

清蒸冬瓜盅

原料: 冬瓜 500 克，熟冬笋、水发香菇各 100 克，彩椒 50 克，香油、料酒、盐、白糖、酱油、高汤、淀粉各适量。

制作方法:

1. 原料洗净，香菇切末，冬笋去皮切碎，彩椒切丁；同入锅中煸炒，再调入料酒、酱油、白糖、高汤，煮沸后勾成厚芡，冷后成馅。

2. 将冬瓜选肉厚处挖出 14 个圆杠形，去皮焯烫后涂抹香油待用。

3. 冬瓜柱掏空填入馅料，放盘中，上锅蒸 10 分钟取出装盘，盘中汤汁调味后勾芡，浇在冬瓜盅上即可。

木耳银牙海米粥

原料: 大米 100 克，干木耳 20 克，绿豆芽 50 克，鸡蛋 1 个，海米 10 克，菠菜、生姜、盐各适量。

制作方法:

1. 原料洗净，绿豆芽、菠菜切段，木耳泡发后切末，鸡蛋摊成饼后切丝，海米温水泡软。

2. 锅中加适量水，煮沸后放入大米，再次煮沸后转小火熬煮。

3. 煮至粥将熟时，放入木耳丝、绿豆芽、海米、菠菜、姜丝，熬煮至粥黏稠，撒入蛋丝，调入盐即成。

方案 9 黄瓜鲜虾盅 + 山楂粥 + 玉米饼

黄瓜鲜虾盅

原料：黄瓜 1 根，虾仁 3 个，蒸鱼豉油、姜、葱、盐各适量。

制作方法：

1. 黄瓜切段，中间掏空（注意黄瓜不要挖到底）；虾仁洗净，虾尾向上，卷起后放入黄瓜盅上。

2. 将黄瓜盅放入锅中，隔水蒸至变色。

3. 将蒸鱼豉油、姜丝、葱末、适量盐在容器中拌匀，上锅稍蒸片刻，取出后淋入黄瓜盅即可。

山楂粥

原料：山楂干 200 克，大米 200 克，冰糖适量。

制作方法：

1. 原料洗净，锅中加适量水，大火煮沸后倒入山楂干，中火煮 15 分钟。

2. 将山楂干捞出，放入大米续煮至粥成，调入山楂、冰糖即成。

玉米饼

原料：玉米面 100 克，糯米粉 50 克，玉米粒、葡萄干、鸡蛋、牛奶、花生酱各适量。

制作方法：

1. 用热水将玉米面调开，加入糯米粉拌匀，鸡蛋加牛奶拌匀，倒入玉米面中，搅拌成可以流动的面糊备用。

2. 将玉米糊倒入锅中煎至一面焦黄，抹上花生酱，出锅撒入玉米粒、葡萄干即可。

11

这样吃早餐，能够养好胃

　　近几年来，中小学生胃病发病率逐年上升，究其原因发现，因饮食造成此现象占据首位，如赶时间不吃早餐、边走边吃、早餐食物不当等。尽管孩子胃病的症状没有成年人那么明显，但危害性同样非常大，它会对孩子身体发育造成极大影响。为此，家长应当重视孩子饮食问题，从早餐入手，更好地预防和治疗胃病。

饮食提示

1 注意饮食卫生

细菌感染是导致胃炎的原因之一，在吃早餐时不要将食物充分暴露在外界环境中或在脏乱差的地方进餐。此外，吃早餐时，不要用手直接接触馒头、面包、煎饼等主食或用纸包住食物，最好使用专用食品袋或用筷子夹食。

2 早餐不宜忽饱忽饥

不规律地吃早餐比不吃早餐危害更大。吃早餐不规律，会导致胃内规律分泌的胃酸没有及时得到食物中和，从而侵蚀胃黏膜，再加上幽门螺杆菌的破坏，极易造成局部炎症溃疡。

3 粗粮提前浸泡再食用

粗粮含有丰富的膳食纤维，孩子无法充分消化吸收，将其浸泡后膳食纤维会变软，可减轻肠胃负担。此外，在吃粗粮时可适当喝点汤、粥或水，使其更顺利到达胃部，而且有利于促进肠胃蠕动。

4 养胃别忘了保暖

引起胃病的另一个原因与胃寒有关。早晨温度较低，适当吃点暖胃的食物有助于促进肠胃血液循环，增强胃部抵抗力。暖胃食物除了热汤、热粥外，一些性温热的食物也具有相同作用。

5 牛奶、豆浆交替饮用

牛奶在稀释胃酸的同时也会刺激胃酸分泌，天天饮用可能会对胃部产生反作用，因此应当与豆浆交替饮用。应当注意的是，对于乳糖不耐受者来说，不宜饮用牛奶，以免引起胃部胀气。

6 早餐温度适宜

食物过量或过热均会对胃黏膜造成刺激，所以在喝粥或喝汤时应待其变温后再食用。一般来说，确认食物温度可用嘴唇来感知，用嘴唇碰触食物后感觉有一点温，并且不烫口，说明温度是最适宜的。

7 细嚼慢咽

细嚼慢咽能使食物充分与唾液混合，完成初步的消化，减轻胃肠的负担。此外，咀嚼次数越多，唾液分泌也越多，唾液中含有碱性物质、黏液蛋白能中和胃酸产生的沉淀物，并黏附于胃黏膜上对抗胃酸的腐蚀，对胃黏膜有保护作用。

主要食物推荐

栗子

栗子性温味甘，可预防或改善胃寒不适。此外，栗子中含有大量淀粉、蛋白质、脂肪、维生素 B 等营养成分。维生素 B 可以调节神经，防止中枢神经系统紊乱造成胃病；蛋白质可修复胃部细胞；淀粉在胃部可形成保护膜等。不过，栗子会引起滞气，不宜多食。

蜂蜜

蜂蜜具有解毒、抗菌、消炎、修复的作用，可促进细胞再生、渗液吸收，对胃黏膜有保护作用。如果孩子出现胃酸过多问题，可在早餐前饮用温热的蜂蜜水；如果胃酸分泌较少，可在餐后饮用未加热的蜂蜜水。

红枣

红枣性温味甘，对脾胃具有滋养作用，在中医药方中也常作为刺激性药物的辅助材料，用以保护胃部。

南瓜

南瓜性温味甘，口感绵软，又含有丰富的果胶，对修复或保护黏膜细胞、改善脾胃虚弱、消食通气具有不错的效果，适量食用可提高胃动力。南瓜可分嫩、老两种，嫩南瓜中维生素C及葡萄糖含量比老南瓜丰富，而老南瓜中的钙、铁、胡萝卜素含量较高。

苹果

苹果营养丰富，含有碳水化合物、蛋白质、钙、磷、铁、锌、胡萝卜素、多种维生素及纤维素等成分。现代医学认为，苹果十分滋补，有健脾益气、开胃生津、润肺顺气、开胃消食的作用。

番茄对于胃部不适有较好的预防作用，如胃酸分泌过多、食欲不振者，吃番茄或饮番茄汁能帮助消化，补充胃酸的不足。此外，番茄还含有大量的抗氧化营养素，如维生素 A、维生素 C、β 胡萝卜素及番茄红素等，这些营养元素具有抗氧化作用，可保护胃部黏膜细胞。

番茄

芹菜性凉味辛、甘，主要含黄酮类、挥发油、甘露醇、维生素及烟酸等，其中磷和钙的含量较高，可促进钙质吸收，从而减轻胃部负担。芹菜还含有挥发性的芹菜油，有独特的香味，能起到促进食欲的作用。应当注意的是，芹菜中含有膳食纤维，凉拌时应将其彻底焯熟，使膳食纤维更易被吸收。

芹菜

中医认为，山楂性温，具有消食化积、活血化瘀的功效。早餐适量食用，可促进蛋白质吸收，刺激胃黏膜分泌胃液，可增进食欲，对胃肠运动具有调节作用。

山楂

大米 中医认为大米养脾胃、补中益气。张耒曾在《粥记》中写道："每日起，食粥一大碗，空腹胃虚，谷气便作，所补不细，又极柔腻，与肠胃相得，最为饮食之妙诀。"

糯米·小米 糯米性温味甘、平，无毒，入脾胃肺三经。糯米煮粥有滋养胃气作用，故有"大米粥为资生化育神丹，糯米粥为温养胃气妙品"之称。除了糯米外，小米也是滋补养胃的良方，对病弱、先天不足等原因引起的食欲不振也有较好的改善作用。

山药 山药寒凉适中、作用温和，可滋养强壮、助消化，具有显著的补脾养胃功效，非常适合肠胃功能相对较弱的孩子食用。

圆白菜 圆白菜被称为"天然胃菜"，它含有维生素 K_1 和氯化甲硫氨基酸，现代医学已经证明，这两种营养元素对保护胃部细胞组织健康、修复胃黏膜损伤有重要的作用。

牛肉 牛肉含有蛋白质、脂肪、维生素 B_1、维生素 B_2、钙、磷、铁等，不仅能滋补强壮，还可以养脾胃。

健康早餐方案

方案1 山药粥 + 山药胡萝卜鸡蛋饼

山药粥

原料：山药 100 克，糯米 100 克，枸杞 2 克。

制作方法：

1. 将糯米淘洗干净；山药去皮洗净，切成小块。

2. 锅中加适量清水，将糯米、山药一同下入锅内，以中火烧沸后，改用小火煮至米烂汤稠，关火放入枸杞即成。

山药胡萝卜鸡蛋饼

原料：牛奶 180 毫升，胡萝卜 1 根，山药粉 200 克，鸡蛋 2 个，盐少许。

制作方法：

1. 胡萝卜洗净后去皮，用搅拌机打碎。

2. 将胡萝卜碎、山药粉、牛奶、鸡蛋、盐混合，搅拌均匀。

3. 锅中热少许油，将山药糊摊成饼即可。

方案2 丝瓜粥 + 拌芹菜三丝

丝瓜粥

原料：丝瓜 150 克，大米 100 克，调味品适量。

制作方法：

1. 将丝瓜去皮，洗净，切片备用。

2. 大米洗净，放入锅中，加清水适量煮粥。

3. 待熟时调入丝瓜、食盐等调味品，煮至粥熟即成。

拌芹菜三丝

原料：芹菜、熏干、胡萝卜、盐、香油、鸡精各适量。

制作方法：

1. 原料洗净，芹菜切细段，胡萝卜切丝，熏干横向片开后切丝。

2. 熏干入沸水焯烫，再次煮沸后放入芹菜、胡萝卜丝，略焯片刻捞出，沥干水分。

3. 将焯好的原料放入容器中，调入盐、香油、鸡精拌匀即可。

方案3 红豆小米粥 + 炝土豆丝 + 馒头

红豆小米粥

原料：红豆 20 克，小米 50 克。

制作方法：

1. 将红豆洗净用温水浸泡 1 小时。

2. 将小米淘洗干净，与红豆一同入锅，加适量清水，煮至豆烂米开汤稠即可。

炝土豆丝

原料：土豆 400 克，植物油、酱油、葱、花椒、醋、盐各适量。

制作方法：

1. 将土豆去皮洗净切丝，入开水锅焯水后沥干。

2. 油锅用旺火烧热，放入花椒、葱花爆香，后放入土豆丝煸炒均匀后，调入酱油、盐、醋，炒熟即可。

 方案 4 紫薯银耳粥 + 中式蛋卷

紫薯银耳粥

原料：紫薯 1 个，大米、银耳各适量。

制作方法：

1. 银耳提前泡发，大米洗净，紫薯去皮切丁。

2. 原料同入锅加适量水，大火煮沸后转小火慢熬 1 小时即成。

中式蛋卷

原料：鸡蛋 4 个，虾仁 5~6 个，黄瓜 1 根，胡萝卜 1/2 根，姜、盐各适量。

制作方法：

1. 原料洗净，虾仁切丁，鸡蛋打散，黄瓜、胡萝卜切丁。

2. 锅中热少许油，倒入鸡蛋液，摊成蛋饼后取出备用。

3. 另起锅，爆香姜末，放入黄瓜丁、胡萝卜丁和虾仁，翻炒至熟后调入少许盐。

4. 将炒好的菜倒在鸡蛋饼上，卷起后切成段，用牙签固定即可食用。

方案5 碎果仁麦片粥 + 清炖番茄蛋 + 苹果

碎果仁麦片粥

原料：杏仁、核桃、腰果、花生、麦片各适量。

制作方法：

锅中加水适量，煮沸后放入麦片，煮至将熟时加入打碎的果仁，略煮片刻即成。

清炖番茄蛋

原料：番茄500克，鸡蛋3个，盐、味精各适量。

制作方法：

1. 番茄洗净去皮，用榨汁机将番茄榨成汁。

2. 鸡蛋去壳打匀，倒入番茄汁拌匀，加盐、味精调味，上锅蒸7分钟左右，关火即成。

方案6 黄瓜糙米饭 + 蜂蜜柠檬茶

黄瓜糙米饭

原料：糙米200克，大米50克，黄瓜80克，盐、鸡汤各适量。

制作方法：

1. 糙米洗净，提前浸泡，与大米一同放入锅中，加适量清水煮成饭。

2. 将煮好的糙米用筷子翻松，黄瓜洗净切丁。

3. 锅中热少许油，倒入糙米饭翻炒数下，再加入少许鸡汤、盐、黄瓜丁翻炒均匀即可。

蜂蜜柠檬茶

原料：蜂蜜 1 瓶，柠檬 2 个。

制作方法：

柠檬洗净切片，将其放在密封盒中，淋上蜂蜜，直至将柠檬片全部泡在蜂蜜中，密封后冷藏，用时取出两片用温水泡服即可。

方案7 香蕉红枣玉米粥 + 全麦面包 + 煮鸡蛋

香蕉红枣玉米粥

原料：香蕉（大）1/2 根，玉米渣 60 克，糯米、红枣、冰糖各适量。

制作方法：

1. 原料洗净，糯米、玉米渣事先浸泡 30 分钟，红枣去核，香蕉切片。

2. 锅中加水适量，将糯米煮至无白心，再放入玉米渣煮至黏稠。

3. 锅中加入红枣、香蕉片和冰糖，续煮 10~15 分钟。

方案8 豆腐肉汤粥 + 香煎土豆甜心饼 + 香干芹菜

豆腐肉汤粥

原料：豆腐 200 克，大米 150 克，牛肉汤 100 毫升，盐少许。

制作方法：

1. 原料洗净，豆腐切小块，大米用温水浸泡 30 分钟。

2. 锅中加水适量，放入豆腐和大米，倒入牛肉汤，大火煮沸后转小火煮至黏稠，出锅前加盐调味即成。

香煎土豆甜心饼

原料：土豆 1 个，鸡蛋 1 个，盐、淀粉、面包糠、沙拉酱各适量。

制作方法：

1.土豆洗净，用保鲜膜包好后在微波炉中高火加热 6 分钟。

2.将土豆取出后去皮，擀成泥状，放入碗中调入盐、沙拉酱搅匀。

3.将土豆泥捏成心形，放入冰箱冷冻，吃时取出化冻至土豆泥仍然成形。

4.在土豆饼上裹一层淀粉，浸入蛋液，裹上面包糠，中火油煎至两面金黄即成。

香干芹菜

原料：香干 250 克，芹菜、盐、老抽、味精、香油各适量。

制作方法：

1.原料洗净，香干切丁，芹菜焯水后沥干水分，切成末。

2.锅中热少许油，放入香干翻炒，调入少许老抽。

3.加入芹菜末，调入盐、味精翻炒均匀，出锅前滴香油即可。

CHAPTER

12

这样吃早餐，有助于促进排便

　　不少孩子，特别是中小学生，由于长期不吃早餐或早餐营养摄入不足，而造成胃结肠反射作用失调，导致排便不正常，严重者甚至出现便秘症状。为了还孩子一个健康、强壮的体魄，家长们不妨利用早餐帮助孩子养成良好的排便习惯。

1 提倡粗纤维饮食

在摄取膳食纤维的同时，还应保证充足的饮水，因为膳食纤维只有在吸足水分的情况下才能使粪便体积和重量增加，刺激肠胃蠕动，帮助粪便推进与排出。应当注意的是，孩子对蔬菜纤维比谷物纤维更容易吸收，早餐不妨增加蔬菜的摄入比例。

2 要有足够的饮水量

充足的水分可以起到润肠的作用，能缓解大便干涩造成的排便不畅。除了饮用开水外，汤、粥以及蔬菜、水果中也含有一定水分，为了避免饮水过量，在喝汤、粥或吃其他含水量高的食物后，应相应减少水的摄入量。

3 促进消化液分泌

如果肠道消化液分泌过少，就会导致食物没有被完全消化就进入肠道内，肠道负担过重造成肠道蠕动缓慢，从而影响消化吸收。在摄取膳食纤维的同时，还应摄取维生素B，它可以促进消化液分泌，维持和促进肠道蠕动，有利于排便。

4 勿过量摄入蛋白质和钙质

蛋白质和钙质摄入过多，会使大便干燥且量少，造成排解困难。家长为孩子准备早餐时，应选取不同的食物，避免吃同一类食物营养过于单调。

主要食物推荐

芹菜 芹菜中富含膳食纤维，丰富的膳食纤维可促进肠胃蠕动，增强肠道排便功能。芹菜中还含有维生素 P，可降低毛细血管通透性，保护和增加小血管的抵抗力，有降低血黏度和抗血栓的作用。

萝卜 萝卜中既含有水分，又含有膳食纤维，对因上火造成的大便干燥有较好的缓解作用。此外，萝卜有下气消食、利大小便的功效，可畅通肠道，排出毒素。

白菜心 白菜性微寒，具有解毒除热、通利肠胃的功能，凡心烦口渴、大便不畅、小便黄少者均可常食白菜。白菜中含有较多膳食纤维，还含有维生素 A、维生素 B、维生素 C，可以促进肠壁的蠕动，帮助消化，防止大便干燥。白菜心最好生吃，生吃不会破坏白菜的营养，通便效果更好。

燕麦 燕麦片膳食纤维含量高，吸水性强，可促进粪便排出。此外，燕麦片又能延长食物在胃中的滞留时间，减少进食量，可有效预防和控制肥胖症。

红薯　红薯经过蒸煮后，含有的某种酶质被破坏，既解决了吃红薯易腹胀、吐酸水等问题，又能使膳食纤维含量增加 30% 左右，提高排便效率。

豆类及其制品　黄豆中含有不饱和脂肪酸和丰富的膳食纤维，一方面可起到润肠作用，另一方面能吸收水分，促进排便，可将其煮粥、煮汤或打成豆浆食用。

松子　松子中含有大量的脂肪，可以润滑肠道，对肠道干涩引起的排便问题有较好的缓解作用。

蜂蜜　蜂蜜有清热、补中、解毒、润燥、止痛的作用，可调节胃肠功能，保持胃酸分泌正常，缩短排便时间，与香油同用效果更佳。

花生　花生米含有丰富的蛋白质、维生素 E、维生素 B_1、维生素 K 及铁、钙、磷脂等营养成分，在润肠通便的同时还能修复因大便干涩造成的肠道黏膜损伤。

健康早餐方案

方案1 鸡蛋芹菜炒饭 + 蜂蜜水

鸡蛋芹菜炒饭

原料： 米饭300克，芹菜100克，鸡蛋2个，香菇2朵，胡萝卜少许，大葱、盐、味精、料酒各适量。

制作方法：

1. 鸡蛋打散，调入少许盐、料酒；大葱切末，芹菜取梗切丁，香菇、胡萝卜切丁。

2. 锅中热少许油，鸡蛋炒熟后盛出；重新倒少许油，放入芹菜、香菇、胡萝卜丁翻炒，调入少许盐，炒至七八成熟，盛出。

3. 将米饭倒入锅中，翻炒数次，淋少许水，加锅盖小火焖5分钟，加入鸡蛋、芹菜、香菇、胡萝卜丁、味精、盐，出锅前撒葱末即成。

方案 2 黑豆叉烧糙米饭 + 海带萝卜汤

黑豆叉烧糙米饭

原料：黑豆 60 克，大米 15 克，糙米、叉烧肉、大葱、盐各适量。

制作方法：

1. 黑豆提前浸泡一夜，入锅加水炖至熟烂；糙米浸泡 4 小时，叉烧肉切丁，大葱切葱花。

2. 将大米与糙米同煮做成糙米饭，熟后盛出备用；锅中热少许油，炒香葱花，倒入叉烧肉翻炒数次，再加入熟黑豆、糙米饭，调入少许盐，炒至热透即可。

海带萝卜汤

原料：海带 300 克，白萝卜 1 根，虾皮、葱花、盐、味精、香油适量。

制作方法：

1. 将海带泡发好切成丝；萝卜去皮洗净，切成丝。

2. 锅中热少许油，放入虾皮炒香，加水适量，煮沸后放入海带丝、萝卜丝。

3. 大火煮沸后，加入盐、味精，转小火煮熟，出锅前撒葱花、滴香油即成。

方案3 番茄浓汤 + 芹菜煎豆渣

番茄浓汤

原料： 番茄2个，大蒜1瓣，浓汤宝1盒，胡萝卜、洋葱、芹菜各适量，盐、胡椒粉少许。

制作方法：

1. 原料洗净，番茄、胡萝卜、洋葱切块，芹菜切段。

2. 将番茄、胡萝卜、洋葱、芹菜和大蒜同入锅中，翻炒发软后加入清水。

3. 待水煮沸后加入浓汤宝，小火煮至所有材料软烂。

4. 将汤晾十分钟，倒入搅拌机中将食物打碎，再倒入锅中加热，出锅前调入少许盐和胡椒粉即成。

芹菜煎豆渣

原料： 豆渣适量，芹菜1根，鸡蛋1个，玉米面、盐、胡椒粉各少许。

制作方法：

1. 芹菜洗净后切末，鸡蛋打散，将所有材料混合，搅拌均匀，捏成小饼。

2. 锅中热少许油，将捏好的小饼放入锅中煎至两面金黄即成。

方案4 牛奶 + 全麦面包 + 松子火腿蛋

松子火腿蛋

原料： 火腿1片，鸡蛋1个，松子适量。

制作方法：

锅中热少许油，火腿片放入锅中，在上面倒入蛋液；当鸡蛋快凝固时，撒上松子仁，煎至两面全熟即可。

方案5 红薯大米粥 + 凉拌海带丝 + 玉米饼

红薯大米粥

原料：红薯 250 克，大米 150 克，盐少许。

制作方法：

1. 红薯洗净，去皮后切丁，大米淘洗净后与红薯丁一同放入锅中，加水适量，大火煮。

2. 大火煮沸后转小火煮至米粒开花，出锅前调入少许盐即成。

凉拌海带丝

原料：海带 100 克，盐、姜末、醋、味精、蒜末、香油各适量。

制作方法：

将海带泡水洗净切丝，用热水焯烫 10 分钟后过凉水，捞出沥干水分，调入盐、姜末、醋、味精、蒜末，滴入香油，拌匀即可。

方案6 芝麻馅饼 + 麻酱拌白菜心 + 豆浆

芝麻馅饼

原料：黑芝麻 100 克，糯米粉 120 克，桂花少许，白糖适量。

制作方法：

1. 黑芝麻洗净、晾干、炒熟、碾碎，加入桂花和白糖，调成馅心。

2. 用滚开水将糯米粉调和、揉成面团，将面团搓成长条后切成小块，取一小块面团按扁压平成坯皮，包入芝麻馅，制成饼坯。

3. 平底锅置于火上，用中小火将糯米饼烙熟即成。

麻酱拌白菜心

原料：白菜心 150 克，芝麻酱、芥末、酱油、香油、盐各适量。

制作方法：

1. 原料洗净，白菜心沥干水分，纵向切丝。

2. 芥末用温水调成糊状，静置片刻，浇在白菜心上；再用香油、酱油、盐、芝麻酱调成调味汁，拌入白菜心即成。

方案7 玉米萝卜饼 + 香醋花生 + 小米粥

玉米萝卜饼

原料：萝卜 1/2 根，鸡蛋 2 个，植物油、面粉、胡椒粉、玉米粒各适量。

制作方法：

1. 将萝卜擦丝，调入盐，将水分挤出。

2. 鸡蛋打散，加入少许面粉、胡椒粉和盐，再将萝卜丝和玉米粒倒入拌好的面糊中。

3. 锅中热少许油，将面糊在锅底摊成小饼状，小火煎熟即成。

香醋花生

原料：花生、香醋、白糖、水淀粉、香油、生抽、香菜各适量。

制作方法：

1. 用冷锅、冷油将花生小火炒香。

2. 将香醋、白糖按 2:1 的比例放入锅中，小火煮沸，再加入与白糖等量的水淀粉。

3. 待汤汁黏稠后，调入少量生抽、香油，完全晾凉后倒入花生米上，撒香菜末。

方案 8 蔬菜乳蛋饼 + 香蕉豆浆

蔬菜乳蛋饼

原料：鸡蛋 2 个，胡萝卜 1/2 根，小香肠 2 根，西兰花 50 克，鲜奶油 4 勺，奶酪丝 40 克，盐、胡椒粉适量。

制作方法：

1. 原料洗净，胡萝卜切片后煮熟，西兰花掰小朵后煮熟，香肠切块。

2. 鸡蛋打散，调入奶酪丝、盐、胡椒粉、鲜奶油，搅拌均匀后倒入圆形烤盘中。

3. 将胡萝卜、西兰花、香肠均匀地撒在烤盘中，烤箱 200℃烤制 15 分钟即成。

香蕉豆浆

原料：香蕉 1 根，豆浆 250 毫升。

制作方法：

香蕉去皮，用勺子压成泥状，倒入豆浆搅拌均匀即可。

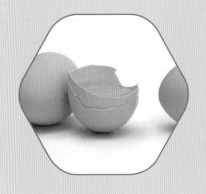

方案9 红薯蜂蜜水 + 野菜杂粮包

红薯蜂蜜水

原料：红薯（中）1个，蜂蜜适量。

制作方法：

1. 红薯洗净后去皮，切成块状，放入锅中加水煮熟。

2. 将煮熟的红薯块放入搅拌机中，加入煮红薯水适量，搅打均匀，饮用时调入蜂蜜即成。

野菜杂粮包

原料：荠菜（或其他野菜）、玉米粉、面粉、黑豆浆（黄豆、黑豆、紫米、黑芝麻打制而成）、肉、大葱、生姜、花椒水、酱油、盐、胡椒粉、植物油、鸡精各适量。

制作方法：

1. 将面粉和玉米粉按 2:1 的比例混合，将煮沸的豆浆连同豆渣一起冲入面粉中，揉成面团，静置 30 分钟。

2. 肉切成小块，葱姜切末，荠菜焯烫 2 分钟后切碎。

3. 肉馅用酱油、盐、葱姜末、花椒水、胡椒粉腌制 20 分钟，加入荠菜，再调入适量盐、植物油、酱油、鸡精调味，搅拌均匀。

4. 将面团分成数块，分别擀成包子皮，包入野菜馅，上锅蒸 20 分钟即可。

这样吃早餐，有助于降低体内铅含量

专家分析，造成体内血铅水平高的原因是，处于生长发育期的孩子对铅的吸收率远远高于成年人，但排铅能力却明显较弱，因此更容易受到铅毒的侵害。除了服用专门的排铅药物外，从早餐入手，改变饮食习惯，对排铅具有较好的辅助作用，并且可以补充因血铅水平高而流失的矿物质。

  饮食提示

1 多吃富含维生素 C 的食物

维生素 C 与铅结合后，会形成难溶于水的无毒盐类物质，可通过正常排泄将其排出体外，从而抑制人体对铅的吸收。

2 多摄入蛋白质

蛋白质与铅是相互作用的，一方面过量的铅会影响蛋白质的代谢，造成体重减轻；另一方面，蛋白质摄入量不足会加快体内铅量增加。在早餐中，适量增加蛋白质摄入量可有效预防、抑制铅中毒。

3 多食含钙高的食物

铅与钙在体内的代谢过程相似，虽然血铅水平过高时会造成钙流失，但只要体内钙质充足就不必担心钙储存不足。此外，丰富的钙质还能阻断消化道对铅的吸收，起到治疗和预防铅中毒的作用。

4 多吃含铁丰富的食物

人体内缺血会增加对铅的吸收，适量补充含铁丰富的食物有助于减少铅在人体内蓄积，并可预防铅中毒所致的贫血。

5 多吃含膳食纤维的食物

膳食纤维中具有较强的吸附性，可以吸附体内铅毒，将其包裹后通过肠胃蠕动"送出"体外，起到排铅作用。

6 少吃含铅的食物

松花蛋、油条、油饼、彩色糖果、爆米花、劣质罐头等食物中都含有铅，前三种食物不管体内血铅水平是否超标都应少吃，其他食物应完全禁食。

7 不立刻使用自来水

自来水经过一夜的积存后，会沉淀大量铅。正确方法是打开水龙头先让自来水流 3~5 分钟，然后再使用。

8 不在路边吃早餐

在路边吃早餐不仅会影响肠胃消化，还容易吸入汽车尾气，汽车尾气中含有大量铅毒，通过呼吸系统进入体内，形成铅毒沉淀。

主要食物推荐

洋葱

洋葱中含有一种叫作硫化物的物质，能够化解血铅的毒性。洋葱中的另一种物质洋葱槲黄素可以清除由铅毒生成的自由基，减少脏腑受损的危险。

生姜

生姜中含有多种挥发油，具有透发、健脾胃、促进血循环的作用，有助于将体内毒素从体内向外散发，起到自然排毒的作用。

绿豆

绿豆性凉味甘，中医常将其用作解食毒及药毒的一味中药，经常饮用有助于排出体内铅毒。

乳制品及豆浆

乳制品和豆浆中钙质和蛋白质含量相对较高，与铅结合后生成可溶性物质，从而减少体内铅毒蓄积，并能减少身体对铅的吸收。

绿茶　　绿茶中含有茶多酚，能显著提高红细胞活性，对血铅水平过高引起的过氧化损伤有较好的保护作用。

胡萝卜　　胡萝卜是有效的解毒食物，不仅含有丰富的胡萝卜素，还含有大量的维生素 A 和果胶，这些营养成分与体内的铅、汞离子结合之后，能有效降低血液中铅、汞离子的浓度，加速体内重金属毒素的排出。

木耳　　木耳中含有一种植物胶质，具有较强的吸附作用，可吸附蓄积在人体消化系统的铅毒，再将其排出体外。

海带　　海带中富含碘，碘被人体吸收后能加速体内有害物，如病变、炎症渗出物以及重金属毒素的排出。同时，海带中还含有一种叫硫酸多糖的物质，能够吸收血液中的铅毒，并将它们排出体外。

健康早餐方案

方案1 蒜泥海带粥 + 三色豆腐沙拉 + 馒头

蒜泥海带粥

原料：大米 50 克，海带 15 克，大蒜 2 瓣，盐、香油各适量。

制作方法：

1. 原料洗净，海带切碎，大蒜捣烂。

2. 将大米、海带放入锅中，加水适量熬煮成粥；粥成后调入蒜泥、盐、香油，烧煮片刻即成。

三色豆腐沙拉

原料：北豆腐 1 块，小黄瓜 1 根，番茄（中等）2 个，酸奶、橙汁各适量。

制作方法：

1. 北豆腐切方块，入沸水中焯烫；小黄瓜切片，番茄切块。

2. 将豆腐、黄瓜、番茄装盘，淋上酸奶、橙汁，拌匀后即成。

方案2 豆腐卷 + 海藻魔芋沙拉 + 黑豆浆

豆腐卷

原料：发酵面团适量，豆腐 1/2 块，小葱 3 棵，盐、味精、花生油、香油各适量。

制作方法：

1. 将豆腐切小丁，小葱切末，将盐、味精、花生油、香油、葱末、豆腐丁放在一起拌匀。

2. 将发酵面团擀成长片，撒满调好味的豆腐块，卷起后切成小块，上笼蒸熟即成。

海藻魔芋沙拉

原料： 海藻 100 克，魔芋 50 克，红甜椒 1/4 个，姜、白芝麻、生抽、醋、香油、蜂蜜各适量。

制作方法：

1. 原料洗净，魔芋、海藻分别用沸水焯烫后过凉水，红甜椒、生姜切细丝，芝麻炒香。

2. 将所有材料放入容器中，调入生抽、醋、香油、蜂蜜，拌匀即成。

方案3 鸡蛋橄榄菜糙米饭团 + 豆奶

鸡蛋橄榄菜糙米饭团

原料： 糙米 300 克，鸡蛋 3 个，植物油、橄榄菜、盐各适量。

制作方法：

1. 糙米洗净后提前浸泡，加水适量煮成略黏软的饭。

2. 鸡蛋打散，调入适量盐，上锅用油炒熟。

3. 将糙米饭、炒鸡蛋和橄榄菜拌匀，捏成饭团即可。

方案4 胡萝卜香芹鸡丝粥 + 绿豆煎饼

胡萝卜香芹鸡丝粥

原料： 大米 80 克，胡萝卜 30 克，鸡胸肉 50 克，植物油、香芹丁、盐、胡椒粉、淀粉、香油各适量。

制作方法：

1. 原料洗净，大米放入热水锅，小火煮。

2. 胡萝卜去皮擦丝；鸡肉顺纹路切细丝，将鸡肉丝用少许盐、胡椒粉和淀粉抓拌均匀。

3. 锅中热少许油，放入胡萝卜丝翻炒数下，倒入鸡肉丝炒至发白，熄火盛出。

4. 待粥煮至黏稠时，放入胡萝卜丝、鸡肉丝和香芹丁，再次煮沸后调入盐、香油即成。

绿豆煎饼

原料：胡萝卜 1/2 根，鸡蛋、绿豆面、盐、胡椒粉、甜面酱、生菜各适量。

制作方法：

1. 胡萝卜洗净擦丝，鸡蛋打散，绿豆面加水调成糊状。

2. 将鸡蛋液、胡萝卜丝、盐、胡椒粉与面糊混合，在锅中摊成薄饼。

3. 吃时抹甜面酱，铺上生菜，卷成卷饼即可食用。

方案 5 香煎鹌鹑蛋 + 鸭血海带面

香煎鹌鹑蛋

原料：鹌鹑蛋数颗，鸡蛋 1 个，淀粉、面包屑、番茄酱、植物油各适量。

制作方法：

1. 鹌鹑蛋煮熟后剥壳，依次淋上淀粉、蛋液、面包屑，用竹签穿起来。

2. 锅中热少许油，中火煎至两面金黄，淋少许番茄酱即可。

鸭血海带面

原料：海带 100 克，鸭血或（猪血）1/3 块，面条、味噌、生姜、香油、盐各适量。

制作方法：

1. 原料洗净，海带切菱形片，鸭血（或猪血）切块，生姜切片。

2. 锅中加水适量，煮沸后放入生姜片、味噌，搅拌均匀后放入海带、鸭血块，中火煮 10 分钟。

3. 下面条，煮至面条、海带全熟后，调入香油和少许盐（也可不加）即可。

方案6 馒头 + 鲜虾蔬菜丝 + 牛奶

鲜虾蔬菜丝

原料：甜椒、胡萝卜、圆白菜、茼蒿各 50 克，鲜虾 80 克，香油、盐各适量。

制作方法：

1. 原料洗净，蔬菜切丝；鲜虾放入锅中煮熟，捞出后剥壳。

2. 将切好的蔬菜丝放入虾汤中焯熟，捞出后沥干水分。

3. 将虾仁和蔬菜丝装盘，调入盐、香油，拌匀即成。

方案7 坚果奶酪脆吐司 + 南瓜烤牛肉沙拉 + 豆浆

坚果奶酪脆吐司

原料：奶酪 2 片，大杏仁 6 个，吐司面包、核桃仁各适量。

制作方法：

1. 将每片奶酪分成三份，每一份奶酪上放一个杏仁和一个核桃仁。

2. 将奶酪坚果放入微波炉中高火转 2 分钟，取出后涂在吐司面包上即成。

 南瓜烤牛肉沙拉

原料: 南瓜1/4个,洋葱1/3个,黄瓜1/2根,烤牛肉4片,黑胡椒盐、蛋黄酱各适量。

制作方法:

1. 南瓜洗净,切片后放入微波盒中,淋少许水,盖上保鲜膜,在微波炉高火加热4~5分钟。

2. 将烤牛肉切成小块,黄瓜切片,洋葱切薄片。

3. 南瓜加热后碾成泥,调入黑胡椒盐、蛋黄酱,搅匀后加入烤牛肉、黄瓜片、洋葱片即可。

方案8 香菇炒饭 + 豆浆

 香菇炒饭

原料: 鲜香菇3朵,米饭50克,糙米饭150克,植物油、胡萝卜、生菜、葱花、味精、盐各适量。

制作方法:

1. 将鲜香菇去根,洗净后切丁,胡萝卜切丁,生菜切丝。

2. 将香菇丁和胡萝卜丁焯熟,沥干水分。

3. 锅中热少许油,放入葱花炒香,再放入香菇丁、胡萝卜丁、米饭、糙米饭,翻炒数分钟,放入盐、味精、生菜丝,继续翻炒至入味即成。

这样吃早餐，有助于提高免疫力

英国一家研究所发现，早餐吃得合理、得当可以提高孩子的免疫力。早餐可以进食一些提高免疫力的食物，同时要保证充足的睡眠和乐观的情绪，这样才能达到调动免疫力积极性的目的。

饮食提示

1 蛋白粉不等于蛋白质

蛋白质对于抗疲劳、增强免疫力有很大帮助，它的来源有两大类。一类是动物性蛋白质，主要包括各种肉类、蛋类、奶类，还有鱼虾等水产类；另一类是植物性蛋白质，它们主要存在于豆类、米、面等中。除了食物中的蛋白质外，市场上还出售蛋白粉保健品，它也是从食物中提炼出来的，通常作为蛋白质的补充品，有利于人体吸收。不过对于孩子来说，只要从食物中摄取充足的蛋白质，就没有必要再补充蛋白粉。蛋白质过盛会造成肝脏和肾脏负担。

2 补充多种维生素和矿物质

缺乏维生素、矿物质等营养成分会对免疫力造成一定影响，但摄取过量对健康同样有害无益。为了保持营养平衡，早餐中的食物种类应在3种以上，避免因单一饮食造成某一种营养素过剩而其他营养素匮乏的情况。

3 餐前吃水果

饭前吃水果可以消除不良刺激，从而保护免疫系统。由于早餐空腹吃水果对肠胃不利，最好先吃面包等主食，为胃肠做好"迎接"水果的铺垫。对于要控制体重的孩子来说，饭前吃水果对他们是有利的，因为可以减少正餐的食量，多摄入膳食纤维和钾元素。

4　生吃蔬菜

新鲜蔬菜富含维生素 C、叶酸、维生素 E、类胡萝卜素和膳食纤维，对预防多种慢性病和提高免疫力均有好处。不过一些物质不耐高温，容易在烹调时流失，因此蔬菜尽量生吃，如黄瓜、番茄、洋葱、甜椒等，蔬菜也可经过焯水后凉拌食用。

5　多吃发酵食物

发酵后的食物不仅口感更好，而且营养价值大大提高，更利于孩子消化吸收。此外，发酵时使用的酵母还是一种很强的抗氧化物，可保护肝脏，提高其解毒功能。酵母中含有酶，能促进营养成分分解，更有利于体质较弱、免疫力较低的孩子吸收。除了主食可以发酵外，牛奶经过发酵后含有乳酸菌成分，对保护免疫力同样有效。

6　适当增加补铁食物

缺铁不仅会造成贫血，还容易使孩子（特别是女孩）免疫力降低，引发易疲倦、频繁生病、久病不愈等问题。在早餐中适当增加补铁的食物，同时尽量在用餐时适量吃一些含维生素 C 的食物，就能促进食物中铁的吸收。

主要食物推荐

红薯 红薯能增强皮肤抵抗力。红薯中富含维生素 A，它能维持一切上皮组织的完整，促进结缔组织中黏多糖的合成。此外，红薯中还含有黏液蛋白质，被人体吸收后能产生免疫球蛋白，提高免疫力。除了红薯外，芋头、山药等食物也含有黏液蛋白质，具有相同作用。

酸奶 酸奶中含有益生菌，可以调节肠道内菌群平衡，减少宿便造成的细菌病毒，防止免疫系统受损。另外，部分酸奶中含有的乳酸菌还能促进血液中白细胞的生长，激活免疫系统防御因子活性。

番茄 番茄含有多种抗氧化成分，如胡萝卜素、番茄红素、维生素 C、维生素 E 等，不仅能维持细胞健康，还能修复已经受损的细胞，使免疫力系统得到双重保护。

鸡汤

鸡汤又被称为"美味的感冒药"，喝鸡汤能够预防感冒和流感等上呼吸道感染性疾病，增强机体的免疫力。此外，鸡汤中应调入适量的盐，加入洋葱和大蒜，可令鸡汤发挥更大的作用。

牛肉

牛肉是补充锌的主要来源之一，适量食用可促进白细胞生长，提高人体对病毒、细菌的抵抗能力，增强免疫力。此外，牛肉性温，可以提高孩子耐寒能力，减缓维生素代谢速度，有强筋壮骨的作用。

菇类

菇类除了具有低热量，高维生素、矿物质等特点外，还含有一种多醣体。经试验证明，这种多醣体可以将病毒排出体外，提高免疫系统功能，不断生成免疫细胞、干扰素等，抵抗病毒、细菌的侵害。

鱼和贝类等海鲜

鱼和贝类等海鲜是硒的主要来源之一，英国专家研究指出，充足的硒可以增加免疫细胞的数量，加快对体内流感病毒的清理。此外，鱼中还含有 ω-3 脂肪酸，能刺激血液制造出大量的抗流感细胞，也有助于提高人体免疫力。

大蒜洋葱 大蒜、洋葱中含有大蒜素成分，能起到抗感染和杀菌的作用。相关研究人员证明，食用大蒜可让感冒概率降低 2/3，同时提高免疫力。

燕麦和大麦 燕麦和大麦中都含有 β-葡聚糖成分，这种纤维素有抗菌和抗氧化的作用，经常补充可增强免疫力，加速伤口愈合，还能帮助抗生素发挥更好的效果。

生姜 姜可以维护和调节免疫系统，使其发挥最大功效。它还具有缓解症状、辅助杀灭病菌的作用，有助于治疗感冒和流感。

豆类牛奶 豆类中含有易被人体吸收、消化和利用的大豆蛋白，这种蛋白与牛奶中的乳蛋白一样可以构成抗体，对抗病毒、细菌的侵袭。

蜂蜜 蜂蜜被称为"天然的免疫增强剂"，可提高巨噬细胞吞噬能力，清理体内病毒、细菌，使免疫系统处于动态平衡的最佳状态。

健康早餐方案

 方案1 牛肉汉堡 + 牛奶 + 时令水果

牛肉汉堡

原料： 牛肉馅 250 克，洋葱 1/4 个，鸡蛋 1 个，汉堡面包 1 个，生菜、番茄、片状奶酪个 1 片，料酒、生抽、蚝油各 30 毫升，盐、黑胡椒粉、鸡精、香油、植物油各适量。

制作方法：

1. 将肉馅放入容器中，加入鸡蛋、盐、生抽、料酒、蚝油、胡椒粉、鸡精、香油，搅拌均匀。

2. 洋葱切碎，加入肉馅中，分别做六个成直径约 8 厘米、厚度约 1 厘米的肉饼。

3. 取一个肉饼，其余可放在室温自然风干 2 分钟，冷冻保存；锅中油温至七成热时，将肉饼放入锅中，中火煎至两面金黄。

4. 将汉堡面包分开，依次铺上生菜、奶酪、牛肉饼、番茄片，最后盖上另一片面包即成。

方案**2** 玉米海鲜粥 + 馒头 + 番茄

玉米海鲜粥

原料：玉米碴（细）100克，大米20克，牡蛎数个，胡椒粉、盐、生姜丝、料酒、葱花各适量。

制作方法：

1.原料洗净，玉米碴提前浸泡；牡蛎切小块，用胡椒粉、生姜丝、料酒腌制片刻。

2.将玉米碴和大米放入锅中，加水适量熬煮成粥，放入腌好的牡蛎块，略煮后调入胡椒粉、盐，撒葱花即成。

方案**3** 土豆洋葱饼 + 萝卜肉片汤

土豆洋葱饼

原料：土豆（大）1个，洋葱1/3个，青红辣椒各1/2个，鸡蛋1个，面粉、植物油、盐各适量。

制作方法：

1.土豆去皮后用盐水浸泡一会，青红椒去籽切环状，洋葱与土豆分别擦成丝。

2.将土豆丝与洋葱丝混合，加入鸡蛋，搅匀后调入盐、面粉，搅成糊状。

3.锅中热少许油，将土豆洋葱面糊摊成饼，待饼将凝固时撒上青红椒环，熟后盛出即可。

萝卜肉片汤

原料: 萝卜 300 克，牛肉 200 克，鲜香菇 4 朵，香菜、胡椒粉、盐、酱油、白糖、淀粉各适量。

制作方法:

1. 将牛肉切成小片，加淀粉、酱油、白糖和胡椒粉拌匀腌制 10 分钟。

2. 将萝卜去皮，切成粗条状；鲜香菇切粗丝。

3. 锅中加水适量，煮沸后放入萝卜条煮 10 分钟，再放入香菇与牛肉煮熟，出锅前调入盐、胡椒粉，撒香菜即可。

方案 4 鸡汤面

鸡汤面

原料: 烤鸡 1 只，生姜、蘑菇、青菜、挂面、盐、香油、炸花生各适量。

制作方法:

1. 将烤鸡的肉剔下，取鸡骨、鸡爪放入锅中，加入生姜片，加水适量炖 2 小时。

2. 取适量鸡汤，放入蘑菇、青菜，大火煮沸后放入挂面，面熟后撒花生米，调入盐、香油即可。

方案 5 胡萝卜煎饺 + 南瓜大麦粥

胡萝卜煎饺

原料： 面粉 100~150 克，胡萝卜 100~150 克，盐、蒜茸酱、酱油、姜末、味精、胡椒粉、骨头汤各少许，植物油适量。

制作方法：

1. 胡萝卜洗净、剁碎；锅置于火上，放入胡萝卜和少许骨头汤，烧至九成熟（骨头汤快干时），加入盐、蒜茸酱、酱油、姜末、味精、胡椒粉，搅拌均匀，出锅晾凉，用作饺子馅。

2. 面粉加入温水拌匀，揉成面团，然后盖上湿布静置 15~20 分钟；在案板上稍揉几下后搓成长条，揪或切成小面团压扁，再擀成中间稍厚、周边稍薄的圆形面皮；每张饺子皮中放入适量的馅，捏成饺子生坯。

3. 将生饺子坯间隔均匀地放在平底锅内；锅置火上，放入适量清水（盖住生饺子坯）淋上少许色拉油，盖上锅盖，大火烧开后焖煮 4~5 分钟，倒掉锅内多余水分，再淋上少许植物油，盖上锅盖，改小火，经常转动平底锅，均匀煎烤 3~5 分钟，待饺子底部呈金黄色即可出锅。

南瓜大麦粥

原料： 大麦 150 克，南瓜 200 克。

制作方法：

1. 大麦洗净后用温水浸泡，南瓜去皮切丁。

2. 将大麦放入热水锅中，大火煮沸后放入南瓜，煮至南瓜熟烂、米粒开花即成。

全麦面包 + 银鱼蒸蛋羹

银鱼蒸蛋羹

原料：鸡蛋、干银鱼、盐、香油各适量。

制作方法：

1. 银鱼提前一天浸泡；鸡蛋打散，按 1:2 的比例加入水，调入少许盐，放入银鱼，搅拌至蛋液表面起一层小泡沫。

2. 锅中加水煮沸，鸡蛋上锅蒸 8 分钟左右，蒸时留一个小缝，蒸好后滴少许香油即可。

 **豆腐干贝粥 + 木瓜拌西芹 + 馒头**

豆腐干贝粥

原料：嫩豆腐 120 克，干贝 20 克，大米 75 克，香葱、盐、味精、香油各适量。

制作方法：

1. 嫩豆腐切成小块；干贝洗净后用温水泡发，切成丁。

2. 将大米洗净放入锅内，加适量清水。

3. 大火煮沸后，改中小火熬至米粒开花时，加入干贝丁，粥九成熟时加入豆腐块。

4. 熬煮成粥后，加入香葱、盐、味精、香油即成。

木瓜拌西芹

原料：木瓜 1 个，西芹 3 根，香醋、盐、白糖、味精各适量。

制作方法：

1. 木瓜去皮籽后切条，西芹去叶切条。

2. 西芹放入盐水中焯烫片刻，过凉后捞出沥干水分。

3. 将西芹与木瓜装盘，根据个人口味调香醋、盐、白糖、味精即成。

 方案 8 蘑菇三明治 + 椰奶山药浆

蘑菇三明治

原料：全麦面包 2 片，口蘑、酱油、盐、白糖、淀粉、奶酪片、生菜各适量。

制作方法：

1. 口蘑洗净切成片，放入锅中炒出水分后调入少许盐、酱油和白糖，勾薄芡。

2. 全麦面包对角切成两半，在一块面包上铺上生菜，依次放入奶酪片、炒好的蘑菇，淋少许芡汁，盖上另一块面包即成。

椰奶山药浆

原料：山药 1/2 根，椰奶适量。

制作方法：

1. 山药洗净后去皮，切成小块，上锅蒸熟。

2. 将山药压成泥，放入搅拌机中，加入适量椰奶搅拌均匀即成。

方案 9 荠菜疙瘩汤 + 肉末虾皮煎蛋

荠菜疙瘩汤

原料： 荠菜 500 克，面粉、鸡味菇、盐、鸡精、香油各适量。

制作方法：

1. 荠菜、鸡味菇洗净，荠菜切碎，鸡味菇切成长条，面粉用少许盐、适量清水调成厚面糊。

2. 锅中加水煮沸，用勺子将面糊放进锅里，待面疙瘩成型并浮起后，捞出放在清水中。

3. 锅中热少许油，放入鸡味菇炒软，再放入荠菜炒软后加入清水煮沸，倒入面疙瘩，再次煮沸后调入鸡精、香油即可。

肉末虾皮煎蛋

原料： 鸡蛋 1 个，牛肉、虾皮、黑胡椒粉各适量。

制作方法：

1. 牛肉切末，与虾皮、黑胡椒粉混合。

2. 锅中热少许油，打入鸡蛋，待蛋液将凝固时撒上肉末、虾皮，将鸡蛋两面煎至金黄色即成。

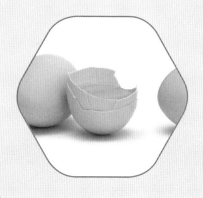
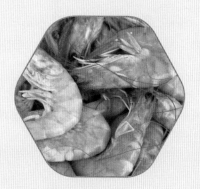

15 这样吃早餐，有助于改善身体疲劳

日常生活中，消除疲劳的方法除了调节学习、生活节奏外，利用饮食缓解疲劳也是一个不错的方法。研究证明，有些食物确实能促进身体代谢，活化身体细胞，令身体处于最佳状态。

饮食提示

1 **不能完全依赖甜食**

甜食中的葡萄糖和果糖确实可以迅速补充体力，但同时也会产生二氧化碳。二氧化碳会造成身体细胞组织缺氧，身体会因为缺氧而产生疲倦感。此外，过多摄入甜食还会引起肥胖，肥胖会加重肢体负担，更容易引起慢性疲劳。

2 **根据个人情况选择主食**

燕麦片、大麦、小米、大米等谷物中含有丰富的碳水化合物、维生素 E 和蛋白质，其代谢物具有可溶性，并能自行排出。在身体感到疲劳困倦、食欲显著减退时，主食最好吃面条、麦片粥等流质食品，以利于肠胃消化吸收。

3 **多钙、少磷酸**

钙质具有巩固骨骼牙齿、预防骨骼疏松、增强肌肉灵活性以及调节体液平衡作用，可提高身体应激性，预防并改善身体疲倦。磷如果摄入过多，就会造成钙质流失，同时使体内热量散发，如果再吃含有磷酸的食物，就会进一步加重身体疲劳感。

4 **保证摄入充足的镁、铁**

镁是肌肉和神经活动的必需营养物质，铁是血液中输送氧与交换氧的重要元素。如果不吃早餐或用饼干、方便面、小笼包等凑合吃一顿，则无法保证获取充足镁铁，很容易出现疲劳、怕冷等情况。

5　蔬果中的维生素C和钾不可小觑

钾是人体内不可缺少的元素，其有维持神经、肌肉正常的功能，如果缺钾人体很容易感到倦怠疲劳、精神不振。维生素C不仅可以防止铁流失，而且还可以改善血液循环，帮助人体抗疲劳。由于维生素C经过高温烹煮会流失，所以能够生吃的蔬果应尽量生吃。

6　补充辅酶Q10

辅酶Q10又被称为"心脏的长寿钥匙"，一方面可以将营养物质转化为细胞能量，另一方面辅酶Q10具有抗氧化性，能使细胞保持健康状态，让机体充满活力。通常肝脏、豆类、花生等食物中含辅酶Q10量最丰富。

7　远离刺激性较强的食物

过度兴奋不仅会使神经处于紧张状态，而且身体肌肉也会因为兴奋无法彻底放松，久而久之就会产生劳累感。所以应尽量不要过多食用刺激性较强的食物，避免神经长时间处于紧张状态而造成的疲惫感。

主要食物推荐

芹菜

当人处在压力下，就会产生一种荷尔蒙，它能造成血管壁收缩。芹菜中含有复合营养素，能够稀释此种荷尔蒙，缓解血管收缩。芹菜中还含有烟胺，其具有镇定作用，可缓解肌肉兴奋或紧张造成的疲倦不适。

红色洋葱

自由基是导致身体疲劳的元凶之一。红色洋葱中含有槲皮素，其与硫氨基酸发生反应后有助于对抗体内自由基，从而提高人体抗疲劳能力。

豆类及其制品

豆腐、豆干、豆浆等豆类制品能为人体提供优质蛋白质，为人体提供充足的能量。如果将豆腐等豆制品与含维生素 D 的食物搭配食用，人体对钙质的吸收率可以提升 20 多倍。

红糖　红糖富含铁元素，能够为器官和肌肉输送氧气，促进血液循环，加快乳酸代谢，缓解因乳酸堆积造成的身体疲劳。

鸡蛋　鸡蛋含有丰富的蛋白质、维生素 A、维生素 B、维生素 D、维生素 E、维生素 K 等成分，蛋黄中还含有铁、卵磷脂等成分，所以鸡蛋是缓解疲劳、恢复体力的理想食品。

南瓜　南瓜中含有丰富的维生素 B_6 和铁，这两种营养素能帮助身体将储存的血糖转变成葡萄糖。葡萄糖是维持体力和脑动力的燃料，所以南瓜也具有抗疲劳的功能。

菠菜　菠菜中含有大量的铁质外，还含有人体必需的叶酸。吃菠菜可改善因铁、叶酸缺乏引起的无力、易疲倦、易激动以及局部抽筋等问题。

芒果

芒果中含有丰富的胡萝卜素、维生素 C、维生素 E、铁等营养元素，同时又能释放出维持肌肉活动所需的热量，是较好的抗疲劳水果。

核桃、腰果、葵花籽等干果

干果是亚麻酸和亚麻酸的最重要来源之一，它们是人体必需的脂肪酸，也是身体细胞最需要的营养成分，具有抗血凝的作用。适量食用干果，有助于促进血液循环，减少血液内代谢物沉淀，缓解身体疲劳。

菠萝

菠萝含有消化酶、蛋白酶，不仅可以提高菜肴口感，与肉食一同烹饪还能分解肉类中的粗纤维，使肉食中的营养更有利于被人体消化吸收。

香蕉

香蕉中钾的含量最高，钾元素可调节人体水电解质平衡。香蕉中所含的碳水化合物能很快转化为葡萄糖，且在短时间内就可以被人体吸收，迅速补充消耗的能量。

健康早餐方案

方案1 黑豆浆＋番茄鸡蛋火腿卷

黑豆浆

原料：黑豆200克，水800毫升，白糖适量。

制作方法：

1. 黑豆（用温水浸泡一夜）放入豆浆机中，加入清水搅打2分钟。

2. 将豆浆过滤到锅中，豆渣备用，大火煮沸豆浆后调入适量白糖即可。

番茄鸡蛋火腿卷

原料：鸡蛋3个，番茄1/2个，火腿、洋葱适量。

制作方法：

1. 鸡蛋打散，番茄切丁；火腿切丁，洋葱切末。

2. 锅中热少许油，放入番茄、火腿丁、洋葱末炒香，倒入鸡蛋液。

3. 蛋液凝固后，在锅中卷起，切成段即可。

方案2 鸡蛋肉丸米线 + 番茄

鸡蛋肉丸米线

原料：鸡蛋 1 个，米线、青菜、盐、生抽、鸡精、香葱、熟肉丸各适量。

制作方法：

1. 将盐、生抽、鸡精放入碗中，香葱切碎后与调味品混合，加入适量开水拌匀作调味汁。

2. 锅中加水适量，将米线煮熟后控干水分，盛入调味汁碗中。

3. 将青菜用盐水焯烫，煎鸡蛋，后将青菜和煎鸡蛋放在米线上，最后摆一个加热过的肉丸即成。

方案3 花生燕麦粥 + 番茄虾仁鸡蛋饼

花生燕麦粥

原料：生花生 30 克，即食燕麦片 1 袋。

制作方法：

1. 花生加水用小火煮 30 分钟。

2. 再加入燕麦，用小火煮 3 分钟即成。

番茄虾仁鸡蛋饼

原料: 番茄1个,虾仁50克,鸡蛋2个,中筋面粉80克,盐、鸡精、黑胡椒粉各适量。

制作方法:

1. 原料洗净,虾仁剁成泥,番茄切小丁,鸡蛋加盐、鸡精、黑胡椒粉搅匀。

2. 蛋液中依次加入虾仁泥、番茄丁,搅匀后加入面粉,调成面糊。

3. 锅中热适量油,倒入面糊中小火煎至两面金黄即可。

方案4 虾排三明治 + 豆浆

虾排三明治

原料: 虾仁、鸡蛋、番茄、生菜叶、奶酪片、全麦面包、沙拉酱、盐、料酒、胡椒粉各适量。

制作方法:

1. 原料洗净,虾仁剁成泥,调入少许盐、料酒、胡椒粉腌制片刻。

2. 鸡蛋加入少许清水打匀,煎成蛋饼,煎好后将蛋饼对折。

3. 将虾泥平铺在锅底,小火煎成虾饼。

4. 将蛋饼、虾饼、奶酪片、番茄、全麦面包切成大小一致的方块,将所有原料放在两片全麦面包之间,涂适量沙拉酱,用牙签固定即成。

方案5 豆腐汉堡排 + 菠菜浓汤

豆腐汉堡排

原料： 北豆腐小半块，胡萝卜1/3根，香菇1朵，肉馅、面粉、蛋液、生姜末、盐、料酒、淀粉、香油、胡椒粉、面包各适量。

制作方法：

1. 豆腐整块放入水中焯烫，捞出后捣成泥，滤去多余水分后调入盐、胡椒粉。

2. 香菇、胡萝卜切碎，肉馅中调入生姜末、盐、料酒、香油、胡椒粉。

3. 肉馅拌匀后，加入香菇、胡萝卜、淀粉，再次拌匀后调入豆腐泥。

4. 将豆腐馅做成若干个小饼，依次裹上面粉、蛋液，小火煎至两面金黄，夹在面包中即可。

菠菜浓汤

原料： 菠菜100克，牛奶100毫升，黄油30克，洋葱1/5个，香叶2克，大蒜2瓣，面粉30克，胡椒粉、浓汤宝各适量。

制作方法：

1. 原料洗净，菠菜切段后加入清水在搅拌机中打成菠菜汁，洋葱切丝，大蒜压成蒜泥。

2. 锅中放入黄油，小火将其融化后放入蒜泥、香叶、洋葱丝炒香，再放入面粉翻炒。

3. 倒入清水、牛奶，大火煮沸后加入浓汤宝，最后倒入菠菜汁，再次煮沸后调入胡椒粉即成。

方案6 海带豆腐饭 + 豆浆

海带豆腐饭

原料：大米100克，水发海带150克，豆腐80克，盐、葱末、胡椒粉、酱油各适量。

制作方法：

1. 水发海带洗净，切成0.5~1厘米宽、2~2.5厘米长的小条块；豆腐切成小块。

2. 将大米洗净，用温水浸泡约1小时，放入锅内加适量清水，煮开后放入海带和豆腐。

3. 待米粒开花时，加入盐、葱末、胡椒粉、酱油拌匀，盖上锅盖，改用中小火焖约20分钟即成。

方案7 南瓜洋葱早餐包 + 豆浆 + 水果

南瓜洋葱早餐包

原料：面粉300克，全麦面粉100克，南瓜泥100克，洋葱1/4个，鸡蛋黄1个，牛奶75毫升，干酵母6克，白糖、温水、黄油、盐各适量。

制作方法：

1. 牛奶温热后放入酵母，静置5分钟；黄油入锅加热至溶化，放入洋葱（切丝）炒5分钟；南瓜泥温热。

2. 将面粉、白糖、盐放入容器中，倒入牛奶酵母水，再放入南瓜泥揉成面团。

3. 当面团揉至有弹性时放入洋葱和黄油，揉匀后静置 90 分钟，之后再揉数分钟。

4. 将面团分成八份，在面包坯上刷一层蛋液。

5. 烤箱预热 200℃，将面包坯放入烤箱中层，烤制 25 分钟，拿出晾凉。

6. 面包冷却后可放入保鲜袋中冷冻，吃时取出加热即可。

方案8 鲜蛋奶汤 + 豆渣饼

鲜蛋奶汤

原料：鸡蛋 1 个，高汤 500 毫升，植物油、番茄酱、盐、大葱、味精、香油、海米各适量。

制作方法：

1. 鸡蛋打散，大葱切葱花。

2. 锅中热少许油，打入蛋液，炒熟后倒入奶白色的高汤。

3. 高汤煮沸后，放入番茄酱、海米、盐、味精，撇去浮沫，撒葱花，淋香油即成。

豆渣饼

原料：鸡蛋 1 个，豆渣、面粉、盐、鸡精、胡椒粉、香油各适量。

制作方法：

1. 将豆渣和面粉按照 2：1 的比例混合，加入鸡蛋液后搅拌均匀，调入盐、鸡精、胡椒粉、香油。

2. 锅中热少许油，将豆渣糊煎至两面金黄即成。

这样吃早餐，有利于防治腹泻

　　据长期观察发现，夏季和秋冬季是孩子腹泻的高发期，除了感染性因素外，大部分是由于其自身生理功能减弱造成的。由于孩子肠胃功能较弱，天气变化对其会造成一定影响，所以除了注意日常饮食习惯外，每到季节更替时也应当注意调整饮食。晨起时由于肠胃处于全空状态，对食物吸收利用效果最佳，利用早餐防治腹泻可以起到事半功倍的效果。

饮食提示

1 增加流质饮食的摄入

有时候即使是轻微的腹泻，也会造成水分流失。在早餐中应当增加水分的摄取，除了煮粥外，汤、羹、面条、牛奶、豆浆都是不错的选择。特别是在煮粥时加入蔬菜、鱼肉等辅助材料，可补充流失的矿物质，更利于肠胃吸收。

2 不要完全禁食

如果出现腹泻后，不要完全禁食。禁食只会令体内营养流失更快，并会因为营养得不到及时补充而造成营养不良。

3 注意膳食的逐渐过渡

当肠胃出现不适时，不要完全拒绝固体食物，更不能让孩子只吃固体食物，而是要从流质过渡到半流质，再从半流质过渡到软饭、主食。固体食物的量应少于流质食物，不可一开始就吃得过多。

4 注意烹调方式

烹调方式应以炖、煮、蒸、煎，忌用炸的方式，油炸过的食物特别是肉类油脂含量增加，有滑肠作用，容易加剧腹泻。

5 防治腹泻应少吃某些食物

如果出现腹泻，早餐时要注意少吃油腻和含膳食纤维过多的食物，如韭菜、芹菜、辣椒和动物油脂，避免加快胃肠蠕动而不利于病灶修复。豆类、萝卜、红薯、南瓜等食物会产生气体，不宜食用。苹果、梨等寒

凉的食物容易加剧腹泻，不宜食用。高脂肪、高蛋白的食物会加重肠胃负担。对于肠胃本身就比较弱的孩子来说，喝小米汤、玉米粥更利于消化吸收，且营养价值也很高。

6 适量吃暖腹食物

腹部受寒也是造成孩子腹泻的原因之一，在饮食上应适量增加一些暖腹的食物，减少冷食摄入。应当注意的是，暖腹食物虽然以温性食物为主，但一些刺激性较强的食物如辣椒、洋葱等，易对肠胃造成不良影响，应少食或不食。

主要食物推荐

干姜

干姜性温热，没有生姜那么辛辣，古代就有"治呕吐泄泻"的记载，将干姜熬粥止泻养肠效果最佳。

胡萝卜

胡萝卜是碱性食物，其中含有的果胶成分可使大便成形，同时吸附肠黏膜上的细菌和毒素，是一种良好的止泻食物。此外，胡萝卜中还含有一种提取物，可有效调节胃肠道紊乱，对预防腹泻和腹痛有较好的作用。

芡实 山药

芡实、山药等食物具有滋补与收敛的作用，对于脾胃虚弱引起的经常性腹泻有较好的作用，特别适合孩子食用。

蒜苗

据《本草纲目》记载，蒜苗可"祛寒、散肿痛、杀毒气、健脾胃"，它具有大蒜的辛辣气味，但对人体的刺激性较小，适量食用能预防肠炎等原因引起的腹泻。

糯米

中医认为，糯米具有补中益气、暖脾胃的作用，它富含蛋白质、碳水化合物、铁、维生素B及淀粉等成分，对脾胃气虚、常腹泻的人有很好的防治效果。

苦苣荬

苦苣荬又叫苦菜，不仅营养价值丰富，还具有杀菌、利尿等作用。适量食用可促进体内抗体形成，增强机体免疫力，特别是对细菌性腹泻具有较好的防治作用。

栗子 　栗子入肾、脾、胃三经，具有养胃健脾、壮腰补肾、活血止血的作用，对脾胃虚寒引起的慢性腹泻有较好的防治作用。

健康早餐方案

 方案1 苦菜粥＋馒头＋煮鸡蛋

苦菜粥

原料：大米 100 克，苦菜(尖叶)50 克，白糖 30 克、盐水适量。

制作方法：

1. 原料洗净，苦菜入盐水中焯烫后切碎。

2. 将大米入锅，加水适量，大火煮后加入苦菜，小火熬至粥成，调入白糖即可。

方案2 木耳粥 + 鸡蛋卷 + 糖醋胡萝卜菜

木耳粥

原料：黑木耳 5 克，红枣 5 个，大米 100 克，冰糖或蜂蜜适量。

制作方法：

1. 黑木耳、大米和大枣洗干净；黑木耳泡发后，去蒂和杂质，撕成瓣状。

2. 将木耳、红枣和大米同入锅中，加水适量，大火煮沸后转小火熬煮成粥，根据个人口味调入冰糖或蜂蜜。

鸡蛋卷

原料：鸡蛋 5 个，洋葱末、蘑菇末、青椒末、植物油、盐各适量。

制作方法：

1. 首先将鸡蛋打匀，调入少许盐，放入洋葱末、蘑菇末、青椒末搅匀。

2. 锅中热少许油，将蛋液倒入锅中，成形后卷成蛋卷盛出即可。

糖醋胡萝卜菜

原料：胡萝卜 250 克，醋、花椒、盐、白糖各适量。

制作方法：

1. 胡萝卜洗净后擦丝，花椒炸出花椒油。

2. 将胡萝卜丝盛入盘中，调入盐、醋、白糖，拌匀后浇上花椒油即成。

方案**3** 蒜香小米粥 + 山药三明治

果干煎饼

原料：小米、大蒜各适量。

制作方法：

1. 小米洗净，大蒜捣成蒜泥。

2. 锅中加水适量，水沸后放入小米，煮至米粒软烂。

3. 将蒜泥放入粥中，煮 3 ~ 5 分钟，熄火焖片刻即成。

山药三明治

原料：山药 120 克，鸡蛋 1/2 个，面包片 2 片，果酱适量。

制作方法：

1. 山药蒸熟后去皮，压成泥；鸡蛋黄碾成泥，鸡蛋清切碎。

2. 将山药泥、鸡蛋清碎、蛋黄泥混合，再加入少许果酱。

3. 将调好的山药泥涂抹在面包片中即成。

蒸火腿冬瓜饭 + 葱姜豆腐汤

蒸火腿冬瓜饭

原料： 大米 100 克，火腿 50 克，冬瓜 150 克，水发香菇 3~5 朵，葱末、盐各适量。

制作方法：

1. 冬瓜去皮去籽洗净，切成厚片；火腿切薄片；香菇切小片。

2. 大米放入碗内，淘洗干净，加清水将大米盖住，后放入冬瓜、香菇、葱末、火腿片、少许盐。

3. 高压锅置于火上，放支架和水，把碗放在支架上盖好锅盖，蒸七分钟后关火，扣上高压阀，静置一段时间开锅即成。

葱姜豆腐汤

原料： 北豆腐 300 克，大葱、生姜、盐各适量。

制作方法：

1. 豆腐洗净，切成片放入锅内煎至微黄；葱洗净，用热水泡软后，打成葱结。

2. 锅中热少许油，煸香姜片，放清水和豆腐，煮 5 分钟左右放入葱结、盐，再次煮沸后即成。

方案 5　牛肉胡萝卜馄饨

牛肉胡萝卜馄饨

原料: 牛肉馅350克,胡萝卜、洋葱各180克,姜少许,老抽、生抽、鸡精、盐、白胡椒粉、鸡汤、紫菜各适量。

制作方法:

1. 胡萝卜擦丝,洋葱切末,姜切末。

2. 在牛肉馅中加姜末、老抽、生抽、水搅拌,后加入胡萝卜丝搅拌均匀。

3. 在肉馅中调入鸡精、白胡椒粉,再次搅拌均匀腌制10分钟,最后调入洋葱末和盐。

4. 取适量馅料包入馄饨皮中,包好后锅中按1：1的比例加入鸡汤和清水,煮沸后下入馄饨,出锅前撒紫菜、盐、胡椒粉。

方案 6　栗子粥 + 煮鸡蛋 + 番茄炒山药

栗子粥

原料: 大米100克,金银花30克,白糖15克。

制作方法:

1. 大米洗净,用冷水浸泡半小时,捞出沥干水分。

2. 将金银花择洗干净。

3. 取锅加入冷水、大米,先用旺火煮沸,再改用小火煮至粥将成时,加入金银花,再次煮沸时调入白糖,盛起即可食用。

番茄炒山药

原料：番茄 200 克，山药 400 克，大葱、生姜、味精、盐各适量。

制作方法：

1. 原料洗净，山药去皮切菱形片，番茄去皮切小块，葱姜切末。

2. 锅内加盐水适量，煮沸后放入山药片焯烫 1 分钟，捞出后在凉水中浸泡。

3. 锅中热少许油，爆香葱姜末，放入番茄炒至熟烂，再加入山药、味精、盐，炒熟即成。

 方案 7 花豆红米粥 + 糖醋山药块

花豆红米粥

原料：花豆 60 克，红米 100 克，红豆适量。

制作方法：

1. 将花豆、红豆、红米洗净，提前用温水浸泡数个小时。

2. 锅中加水适量，大火煮沸，放入泡好的花豆、红米和红豆。

3. 再次煮沸后，转小火煮至豆粒熟烂、米粒开花，粥黏稠后熄火焖数分钟即可。

糖醋山药块

原料： 山药 500 克，白砂糖 50 克，醋 50 克，小麦面粉 50 克，植物油适量。

制作方法：

1. 将山药洗净，去皮，切成滚刀块。

2. 炒锅烧热，加植物油适量，烧至六成热时，将山药块放入，炸至起皮呈黄色捞出，沥油。

3. 炒锅控净油，加醋及糖水，烧开后再倒入山药块，用面粉 80 克（面粉 50 克加水）使汁收浓，裹匀山药块，即成。

方案 8 芋头芡实玉米羹 + 面包

芋头芡实玉米羹

原料： 芡实 100 克，玉米粒 150 克，百合 50 克，芋头 200 克，鲜虾 150 克，高汤、鲜牛奶、水淀粉、盐各适量。

制作方法：

1. 原料洗净，芡实、百合用热水浸泡，芋头去皮切丁，鲜虾取虾肉。

2. 将芡实放入锅中，加高汤煮沸；芋头放入炒锅中炒香，再加入虾仁、玉米粒、百合翻炒，出锅前调入盐。

3. 当芡实煮软后，放入炒好的虾仁、芋头、百合、玉米粒，大火煮沸后转小火煮 15 分钟，勾芡后续煮 3 分钟，调入盐、牛奶即成。

这样吃早餐，有助
于养气、补气

气是维持人体生命活动的最根本物质之一，如果气不足健康就无法得到保
证。一日之计在于晨，早晨阳气生发趋于体表，最适合进行补气，一顿营养丰
富的早餐能为孩子提供更多的能量，使孩子一上午都保持精力充沛。

饮食提示

1 补气食品的应用要循序渐进

利用食物补气虽然不会像药物一样产生副作用，不过仍然需要循序渐进。例如，补气食物大多性温，如果食用过量或长期食用，就容易使身体产生"热像"，此时应当适量吃一些清热解毒的食物，以缓解温热亢盛引起的不适。

2 适当补充行气食物，少吃寒凉或过热的食物

在选择食材时不要选择过热或过凉的食物，这里的"热""凉"既指食物的性质，又指食物的温度。例如，早餐吃点辣有助于促进血液循环、提高食欲，不过对于气虚体质的孩子来说，辛辣食物具有发散作用，过多食用容易耗气、损精神，进而加重气虚症状，尤其对于北方干燥地区的人来说，症状更加明显。

气虚体质的孩子也不宜食用过于寒凉的食物（如冰镇的食物饮料）和属性寒凉的食物（如苦瓜、绿豆、芹菜、西瓜等）。

3 行气的同时也应当补脾

中医认为，五脏六腑之气为肺所主，来自中焦脾胃水谷的精气，由上焦开发，输布全身，所以气虚多寅之于肺、脾二脏。脾胃为后天之本，气血生化之源，脾胃健运，则气血生化有源，所以补气多从健脾入手，选用饮食必须因证制宜。

4 狼吞虎咽会加重气虚

消化过程是从口腔开始的，食物在口腔内咀嚼，被唾液湿润而便于

吞咽。进食时要细嚼慢咽，牙齿才能有充足时间将食物磨细。在舌头的搅拌下唾液可充分与食物结合，使其变得更便于消化，从而减轻肠胃和脾脏的负担。

5 营养不良促生气虚

当人体摄入足够的养分时才能培养脾胃的后天之气，使其上归于肺、下行于肾，使之充沛。相反，如果摄取的营养不足，脾胃之气就会因为得不到补充而逐渐衰竭，肾气和肺气也会因此受到影响，促生或加重气虚休质。

主要食物推荐

红薯

中医认为，红薯"补虚乏，益气力，健脾胃，强肾阴"，对五脏之气均有滋补作用。红薯中含有丰富的黏液蛋白，这是一种多糖与蛋白质混合物，能保持血管弹性，使血液充分濡养脏腑，从而起到强身健体作用，对预防或改善脾胃虚弱、形瘦乏力等气虚症状有较好的功效。

香菇

香菇具有补气作用，其中含有钙、碘、铁、硒、维生素B及多种氨基酸，这些营养成分可改善脏腑功能，能起到益气滋阴、养胃润肺的作用。

山药

山药性平味甘，是补中益气的佳品，它具有气阴两补的作用，素有"补气而不壅滞上火，补阴而不助湿"的赞誉。它不仅可做成保健食品，而且具有调理疾病的药用价值，是不可多得的健康营养美食。

栗子

栗子有"干果之王"的美称，碳水化合物含量丰富，可提供充足的热量，并促进脂肪代谢。此外，栗子富含维生素 C、钾、钙、磷、铁、胡萝卜素等成分，能维持血管肌肉正常功能，可预治骨质疏松，同时具有益气健脾、厚补肠胃的作用。

枣

中医认为，大枣降浊，小枣扶本，而"胃主降浊，脾扶本"，脾胃合作能协调水谷消化、吸收与输布。故枣有"益气调血，扶本培元"的功效。

鸡肉

鸡肉肉质鲜嫩，蛋白质含量相对较高，种类多，而且消化率高，很容易被人体吸收利用。中医认为，鸡肉能温中补气、益气养气、补肾益精。

牛肉 中医认为，牛肉补脾胃，益气盘，强筋骨。故牛肉是不可多得的补气佳品，《韩氏医通》中有"黄牛肉补气，与黄芪同功"的记载，所以平日适量食用牛肉可强身补气。

茼蒿 茼蒿含有挥发油，有特殊的香气，维生素、胡萝卜素和氨基酸含量也非常丰富，可起到宽中理气的作用。

大米 大米的营养十分丰富，其性平味甘，具有补中养胃、益精强志等作用。特别是孩子出现中气不足、疲倦乏力时，喝点大米粥有助于调理脾胃。

扁豆 扁豆（白）富含脂肪、蛋白质、铁、钙、磷、胰蛋白酶抑制物、淀粉酶抑制物、葡萄糖、蔗糖、棉子糖、半乳糖等成分，在调理脾胃的同时还能化解脾胃湿气，提高脾胃功能。

玉米　玉米中的维生素 E 具有抗氧化作用，可清除自由基对脏腑、细胞组织的侵害。此外，玉米中含有膳食纤维，能帮助脾胃消化，发挥"脾升胃降"的行气作用。

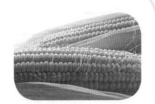

蜂蜜　蜂蜜是理想的滋补品，可以补脾气、肺气，还能润肺止咳、解毒通便，对脾气和肺气的提升效果最佳。

莲子　莲子是常见的滋补之品，古人认为经常服食"百病可祛"。现代研究证明，莲子含有丰富的碳水化合物、蛋白质、烟酸、钙、钾、镁等营养元素，具有滋养补虚、强心安神等功效，是老少皆宜的滋补品。

健康早餐方案

方案 1 青椒鸡肉饺子 + 牛奶

青椒鸡肉饺子

原料： 面粉、鸡肉馅、尖椒、虾皮、葱末、姜末、盐、花椒粉、酱油、鸡精、香油、植物油各适量。

制作方法：

1. 将鸡肉馅倒入容器中，一边搅动一边加少许水（500克肉馅加水140毫升左右）。

2. 尖椒去蒂去籽，切成两半后放入沸水中烫软，过凉后沥干水分，切成小丁，挤出多余水分。

3. 在肉馅中调入葱末、姜末、盐、花椒粉、酱油、鸡精、香油、植物油、虾皮，搅拌均匀后放入尖椒末。

4. 取适量肉馅放入面皮中，包成饺子，煮熟即成。

方案 **2** 鹌鹑生姜红豆粥 + 双仁拌茼蒿 + 鸡蛋

鹌鹑生姜红豆粥

原料：鹌鹑肉 250 克，红豆 50 克，生姜片、盐、胡椒粉各适量。

制作方法：

1. 将鹌鹑肉切小块，入热水焯烫。

2. 将红豆、生姜（切片）洗净，与鹌鹑肉一同入锅，加水适量，煮至肉熟豆烂，出锅前调入盐、胡椒粉即可。

双仁拌茼蒿

原料：茼蒿 300 克，白芝麻 15 克，松仁 15 克，盐、生抽、香油、鸡精各适量。

制作方法：

1. 茼蒿洗净，去老叶后切成段，入盐水中焯片刻，捞出后沥干水分盛入盘中。

2. 白芝麻和松仁小火炒香，碾碎后撒在茼蒿上，调入盐、生抽、鸡精，滴少许香油，拌匀即成。

方案 **3** 茶香黑芝麻玉米饼 + 豆腐香菇汤 + 缤纷水果沙拉

茶香黑芝麻玉米饼

原料：蛋黄 2 个，玉米粉、全麦粉、自发粉、茶叶末、绿茶水、泡打粉、黑芝麻、白糖、植物油各适量。

制作方法：

1. 将烤箱在 160℃预热 10 分钟。

2. 在容器中放入蛋黄、白糖，搅拌均匀后，调入植物油、茶叶末，充分搅拌。

3. 将玉米粉、全麦粉和自发粉按 1:1:1 的比例混合，放入茶叶末蛋黄中，再加入适量泡打粉，用绿茶水调和，揉成软面团。

4. 双手刷一层植物油，将软面团分成一个个小面团，用手按成厚度适中的饼状，在饼上刷一层蛋黄，撒上黑芝麻。

5. 将饼坯放入烤盘中，烤箱调至 180℃，烤制 20~25 分钟即可。

豆腐香菇汤

原料： 日本豆腐 1 条，香菇 200 克，胡萝卜 1/3 根，鸡汤 500 毫升，生姜 2 片，盐适量。

制作方法：

1. 香菇洗净，在表面切出十字花刀，日本豆腐切厚片，胡萝卜切片或擦丝。

2. 将豆腐、胡萝卜、鸡汤、生姜放入锅中，加清水适量，大火煮沸。

3. 香菇放入汤中，转小火煮 2~30 分钟，出锅前调入盐即成。

缤纷水果沙拉

原料： 草莓 2 个，苹果、梨、木瓜、芒果各 1/2 半个，猕猴桃 1 个，酸奶适量。

制作方法：

水果洗净，分别切成大小适中的块，淋入酸奶，拌匀即成。

方案4 四色拌面 + 山药薏米浆

四色拌面

原料：胡萝卜、黄瓜、白菜、金针菇、玉米面、大蒜、盐、酱油、醋、白糖、花椒粉、香油、花椒油、植物油各适量。

制作方法：

1. 原料洗净，胡萝卜去皮擦丝，黄瓜、白菜切丝，金针菇切段；将胡萝卜丝、白菜丝和金针菇用水焯烫后捞出。

2. 玉米面煮熟，拌入少许香油，自然放凉。

3. 大蒜切成蒜泥，拌入花椒粉和盐，在油中炒香后，调入酱油、醋、白糖、香油，与玉米面拌匀即成。

山药薏米浆

原料：山药 1/2 根，薏米 200 克，冰糖适量。

制作方法：

1. 原料洗净，薏米提前浸泡，放入锅中加水煮至熟烂；山药去皮，蒸熟后捣成泥。

2. 将薏米、山药泥放入搅拌机中，加水适量搅打成浆，加热后饮用，可根据个人口味调入冰糖。

方案5 红薯饭 + 香蕉橙汁

红薯饭

原料：大米 200 克，红薯 50 克，黑芝麻各适量。

制作方法：

1. 原料洗净，红薯去皮，切成小块；黑芝麻炒香。

2. 将红薯、大米、黑芝麻同入锅中，加水适量煮至饭熟即可。

香蕉橙汁

原料：橙子 1 个，香蕉 1 根，蜂蜜、温开水适量。

制作方法：

1. 橙子去皮，取果肉；香蕉剥皮，切成小块。

2. 将橙子、香蕉放入搅拌机中，倒入温开水搅拌均匀，调入蜂蜜即成。

 方案6 红薯蜂蜜糯米粥 + 蒜泥拌豆角

红薯蜂蜜糯米粥

原料：红薯 2 个，糯米 100 克，蜂蜜适量。

制作方法：

1. 糯米提前浸泡，至米粒膨胀；红薯去皮，切成小块。

2. 将红薯与糯米同入锅中，加水适量熬煮成粥，盛出后调入蜂蜜即成。

蒜泥拌豆角

原料：豆角 300 克，大蒜、盐、白糖、香油、味精、香菜各适量。

制作方法：

1. 大蒜剥皮，用刀拍碎，剁成蒜末；香菜择洗干净，切成小段。

2. 豆角洗净，放沸水锅中烫熟，捞出沥水晾凉，切成 3 厘米长的段，放干净的盘内，加盐、白糖、味精拌匀。

3. 锅中热少许香油，倒入大蒜泥，炸出香味后离火，将蒜泥油浇在豆角上，撒入香菜段，拌匀即可。

 山药瘦肉粥 + 炒馒头粒

山药瘦肉粥

原料： 山药20克，大米100克，瘦猪肉、料酒、黑胡椒粉、盐各适量。

制作方法：

1. 山药去皮洗净，切成小丁；猪肉洗净，切成肉末，调入少许盐、黑胡椒粉和料酒，拌匀。

2. 锅中加水适量，放入大米、山药丁，煮至粥将熟时，加入瘦猪肉末，续煮至粥熟即成。

炒馒头粒

原料： 馒头2个，鸡蛋2个，青椒1/2个，胡萝卜、黄瓜各1/2根，洋葱1/4个，西葫芦1/5个，盐、白胡椒粉各适量。

制作方法：

1. 蔬菜洗净切丁，馒头切成与蔬菜等大的丁，鸡蛋打散后调入少许盐。

2. 锅中热少许油，馒头丁裹上蛋液后放入锅中，中小火煎至金黄后盛出。

3. 将蔬菜放入锅中翻炒，炒熟后放入馒头丁，调入盐和胡椒粉即成。

方案 **8** 鲜咸腊八粥 + 黄豆玉米饼

鲜咸腊八粥

原料：大米 100 克，山药 1/2 根，栗子 5 个，银杏 4 个，香菇 3 朵，胡萝卜 1/2 根，熟青豆、火腿、姜丝、盐、胡椒粉各适量。

制作方法：

1.原料洗净，火腿、香菇切丁，山药、胡萝卜去皮后切丁，栗子去壳，银杏浸泡后去外衣。

2.锅中加水适量，放入大米、栗子、银杏、火腿丁、姜丝，大火煮沸后转小火熬煮 30~40 分钟。

3.加入山药丁、香菇丁、胡萝卜丁，继续熬煮 20 分钟，出锅前放入熟青豆、盐和白胡椒粉即成；鲜咸腊八粥可冷藏保存，吃时充分加热即可。

黄豆玉米饼

原料：玉米面 120 克，黄豆面 80 克，白糖 20 克，小苏打少许。

制作方法：

1.将玉米面、黄豆面、白糖、小苏打混合，用适量温水揉成软硬适中的面团。

2.将面团分成数块，揉圆后压成饼状，开水上锅大火蒸 15 分钟即成。

CHAPTER

18 这样吃早餐，有助于补血、活血

《中国居民膳食指南（2016）》一书指出，孩子每天至少需要 12 毫克左右的铁，而单一食物中的铁元素远远无法满足人体需求。孩子缺铁可能导致气血不足，出现厌食、挑食、生长发育迟缓、注意力不集中等情况。因此，想要让孩子恢复红润的面色和强壮体魄，家长应当饮食方面着手，先从早餐开始，走出补血第一步！

饮食提示

1 补血首先补铁

铁是组成红细胞中血红蛋白的重要成分，红细胞携带氧气及二氧化碳的功能是依靠铁来完成的，如果饮食中长期缺少铁质摄入，就容易影响造血功能，甚至引发贫血。

2 摄取含铜物质食物

铜是人体必需的微量元素，它参与血细胞中铜蛋白的合成，与微量元素铁有相互依赖的关系，起到催化铁元素吸收、利用、运转及红细胞生成代谢的作用。如果饮食中光有铁，没有铜，铁就很难发挥作用，极易导致造血功能发生障碍，也会引起贫血。

3 摄取充足叶酸

叶酸虽然不是构成血细胞的成分，但如果缺少叶酸，骨髓中的血细胞就无法成熟，会影响造血，甚至引起贫血。除了叶酸外，维生素 B、维生素 A 也具有相同作用。

4 补血的同时还应活血

经过一夜的睡眠，人体内津液出现亏损，造成血液黏稠、血液循环减速，使大脑以及其他各组织细胞缺少养分和氧气，从而间接影响造血功能正常运作。因此，早餐除了摄取补血食物外，还应注重活血，如吃一些具有活血化瘀作用的食物。

5 保留肝脏中的血液

有的家长在烹煮动物肝脏前，会将肝脏中的血液挤出或洗净，这是不可取的。肝脏的一部分营养成分存在血液中，将血液洗掉就等于洗去营养，从而降低肝脏的应用价值。

主要食物推荐

胡萝卜　胡萝卜中富含维生素 B、维生素 C 以及胡萝卜素，无论是煮汤还是焯烫后凉拌，都能促进人体对铁质的吸收利用，还可以保护眼睛。

桂圆　桂圆除了含丰富的铁质外，还含有维生素 A、维生素 B、葡萄糖和蔗糖等营养成分，补血的同时对孩子因压力过大造成的失眠、健忘有较好的缓解作用。

黑豆　黑豆营养价值极高，如其中含有脂肪、优质蛋白质、碳水化合物、铁、磷、钙、胡萝卜素及维生素等人体所需的各种营养成分。这些营养成分对提高造血机能、降低血液黏稠度有一定作用。中医认为，将黑豆搭配红枣食用补血养血的效果更佳。

蔬菜　菠菜、茼蒿、小白菜、芹菜、韭菜、洋葱等蔬菜中富含维生素和叶酸，并含有铁、锌、钾、钙等营养成分，这其中很多成分都是补血的好原料。

健康早餐方案

方案1 紫薯糯米粥 + 火腿洋葱炒蛋

紫薯糯米粥

原料：紫薯 2 个，糯米 20 克，山药 50 克。

制作方法：

1. 原料洗净，紫薯和山药去皮切块，糯米浸泡。

2. 将紫薯、山药、糯米同入锅中，加水适量，大火煮沸后转小火煮至粥成即可。

火腿洋葱炒蛋

原料：鸡蛋 4 个，白洋葱半个，火腿 80 克，盐、凉拌酱油、香油、胡椒粉各适量。

制作方法：

1. 鸡蛋打散，调入胡椒粉、盐，搅拌均匀。

2. 白洋葱去皮切成碎粒，火腿切细丝。

3. 锅中热少许油，放入洋葱碎煸炒至透明，盛出后倒入鸡蛋液中。

4. 锅中再热少许油，倒入蛋液，待蛋液将凝固时撒上火腿丝，翻炒后盛出，淋少许香油、凉拌酱油即成。

方案 2 花生黑豆粥 + 鸡蛋 + 黄豆芽拌海带

花生黑豆粥

原料：花生、黑豆、大米、冰糖各适量。

制作方法：

1. 黑豆、花生洗净，浸泡一夜。

2. 将大米、黑豆、花生同入锅中，加水适量，大火煮沸。

3. 煮沸后转中小火煮 1~20 分钟，出锅前根据口味调入冰糖即可。

黄豆芽拌海带

原料：海带300克，黄豆芽100克，盐、酱油、味精、白糖、香醋、香油、大蒜、姜、辣椒、大葱各适量。

制作方法：

1. 原料洗净，大蒜去皮捣成蒜泥，生姜切丝，大葱切葱花，海带切细丝。

2. 黄豆芽洗净，在沸水中焯熟后捞出，沥干水分；将海带丝放入容器中，上面放上黄豆芽。

3. 将蒜泥、姜丝、椒丝放入碗里，炒锅内倒入香油烧热，浇入碗中爆香，再调入盐、酱油、味精、白糖、香醋，搅匀作调味汁。

4. 将调味汁浇在海带、黄豆芽上，撒上葱花，拌匀即成。

方案3 西芹鸡肉包 + 黑米扁豆红枣粥 + 姜汁拌菠菜

西芹鸡肉包

原料：鸡肉500克，芹菜250克，面皮、白糖、味精、胡椒粉、盐各适量。

制作方法：

1. 鸡肉切成肉馅，芹菜入水中焯烫后切成丁，沥干水分。

2. 将芹菜倒入鸡肉馅中，调入白糖、胡椒粉、味精、盐，搅拌均匀。

3. 取面皮，包入馅后收紧，上锅大火蒸熟即可。

黑米扁豆红枣粥

原料：黑米 120 克，芸豆、红枣各 50 克。

制作方法：

1. 原料洗净，黑米、芸豆浸泡一夜，与红枣一同放入锅中，加水适量。

2. 大火煮沸后，转中火煮 30 分钟，当黑米软糯、芸豆酥烂后，熄火，焖数分钟即可。

姜汁拌菠菜

原料：菠菜 500 克，姜 6 克，盐、醋、香油、白糖、味精各适量。

制作方法：

1. 菠菜去老根、老叶，清洗干净，入沸水中烫熟。

2. 将菠菜捞出后晾凉，挤掉一些水，切成半寸长的段，盛入容器中。

3. 生姜洗净去皮，切成末，加入盐、白糖、醋、味精，拌匀后浇在菠菜上，滴少许香油，拌匀即可食用。

方案4 菠菜芹菜粥 + 番茄黄豆 + 杂粮馒头

菠菜芹菜粥

原料：大米 100 克，芹菜、菠菜各 250 克。

制作方法：

1. 原料洗净，菠菜焯烫后切碎，芹菜去叶切丁。

2. 将大米放入锅中，加水适量，大火煮沸后转小火煮 30 分钟。

3. 加入芹菜、菠菜，再次煮沸后，开盖续煮 10 分钟。

番茄黄豆

原料：黄豆、番茄酱、黄油、盐、糖、鸡精、淀粉各适量。

制作方法：

1. 黄豆浸泡一夜，放入高压锅中，加水适量煮15分钟。

2. 锅中放入少许黄油，倒入黄豆翻拌数下，调入番茄酱、少许水。

3. 炖煮5～10分钟，出锅前调入盐、糖、味精，勾芡即成。

方案5 黑豆渣芸豆卷 + 鸡丝玉米羹

黑豆渣芸豆卷

原料：面粉200克，酵母2克，黑豆渣80克，豆浆80克，芸豆肉馅（用芸豆、瘦猪肉、盐，生抽、五香粉、葱姜末、姜水、香油、油、味精制成）。

制作方法：

1. 将面粉与酵母充分混合后，加入黑豆浆和黑豆渣，搅拌均匀后揉成光滑面团，静置发酵至两倍大。

2. 将面团取出后充分揉动，排出气泡，再将面团按扁，擀成一个长方形。

3. 将芸豆肉馅均匀地铺在面皮上，四周留出空白卷起。

4. 将卷好的芸豆卷放入容器中，加盖静置20分钟。

5. 蒸锅加水煮沸后放入芸豆卷蒸5~20分钟；熄火后焖5分钟，切块即成。

鸡丝玉米羹

原料：鸡胸肉 50 克，玉米粒 100 克，青豆 30 克，火腿 30 克，盐、淀粉、香葱各适量。

制作方法：

1. 原料洗净，玉米粒剁碎，青豆焯烫后捞出，鸡胸脯肉煮熟后切丝（汤留用），火腿切丁。

2. 锅中加水适量，放入玉米粒、青豆、火腿，大火煮沸后转小火煮至青豆熟烂。

3. 将鸡肉丝撒在玉米羹中，调入盐后勾芡，出锅前撒上香葱碎即成。

方案 6 坚果牛奶麦片粥 + 菠菜酱吐司 + 煎鸡蛋

坚果牛奶麦片粥

原料：核桃仁、腰果、杏仁、葡萄干各 30 克，麦片 100 克，牛奶 300 毫升。

制作方法：

1. 烤箱预热 180℃，将核桃仁、腰果、杏仁放入烤箱中烤出香味，碾碎备用。

2. 将牛奶加热，与麦片搅拌均匀，撒上烤香的坚果碎、葡萄干即成。

菠菜酱吐司

原料：菠菜 200 克，橄榄油 2 汤匙，原味酸奶 120 毫升，吐司两片。

制作方法：

1. 菠菜洗净，放入盐水中焯烫 1 分钟，捞出后切碎。

2. 将菠菜碎与橄榄油、原味酸奶混合，搅拌均匀，涂在吐司面包上即成。

方案7 淡菜粥 + 双色发糕

淡菜粥

原料： 大米 100 克，淡菜（干海虹）50 克，植物油、盐适量。

制作方法：

1. 淡菜用温水浸泡半天，大米淘洗干净，与淡菜一同入锅。

2. 锅中再加清水、油、盐，先用大火煮沸，再用中小火熬成稀粥。

双色发糕

原料： 面粉 300 克，地瓜粉、紫米面各 50 克，白糖 4 勺，酵母 6 克，水 240 毫升。

制作方法：

1. 取 150 克面粉与地瓜粉、两勺糖、3 克酵母和 120 毫升水和匀，揉成面团，静置 1 小时。

2. 再将剩下的面粉、糖、酵母和清水与紫米面和匀，揉成面团，静置 1 小时。

3. 将两个面团分别擀成大小相同的长方形，在紫米面片放在地瓜面片，卷起后呈一个规整的圆柱形。

4. 将面卷放入锅中隔水蒸，大火煮沸后，转中小火蒸 20 分钟，熄火后焖 5~10 分钟，出锅后切成厚片或块即成。

方案 8 番茄奶味炖饭 + 菠菜金针菇汁

番茄奶味炖饭

原料：洋葱1/2个，番茄（中等大）3个，米饭2碗，植脂淡奶1/2罐，虾仁数个，胡椒粉、植物油、盐、青豆适量。

制作方法：

1. 豌豆提前煮熟，番茄去皮切丁，洋葱切碎，虾仁用胡椒粉略腌片刻，大米提前浸泡一夜。

2. 锅中热少许油，油温后放入米饭，炒至微微发黄，取出备用。

3. 锅中再热少许油，放入洋葱炒香，倒入番茄块炒成酱，调入盐。

4. 将大米均匀地铺在番茄酱上，倒入一半淡奶，加少许水，加盖焖5分钟左右。

5. 开盖翻拌米饭，倒入剩余的淡奶，放入虾仁，继续焖10分钟，出锅前加入煮熟的青豆，调味即成。

菠菜金针菇汁

原料：菠菜100克，金针菇80克，葱白50克，蜂蜜15克。

制作方法：

1. 将菠菜、葱白择洗干净，切段备用。

2. 金针菇掰开，清洗干净。

3. 将菠菜、葱白和金针菇放入榨汁机中，加入凉开水。

4. 搅打成汁后倒入杯中，加入蜂蜜调匀即可。

19

这样吃早餐，有助于利尿行水

　　浮肿分为生理性和病理性两种。生理性浮肿通常是由于夜间睡眠不足、睡眠时间过长或枕头过低，影响面部血液回流造成的，一般无须治疗，只要调整好起居习惯，并通过饮食进行调理，就可以起到预防和改善的作用。对于孩子来说，浮肿（特别是眼睑浮肿）经常出现在晨起后，所以饮食调理的首要原则就是吃好早餐。早餐吃得有营养有助于促进血液循环，提高人体代谢功能。

饮食提示

1 饮食要以清淡为主

如果孩子的睡眠质量较差，那么早餐就应适当减少盐的摄入，尽量保持食物的自然口感，可以多利用一些鲜味食物作为辅助食材来提鲜，如香菇、虾仁、鱼片、牡蛎、紫菜等。除了减少盐的摄入外，油脂也会令血液循环变慢，家长在烹饪时尽量使用健康的橄榄油或调和油。

2 晨起后减少饮水量

晨起后如果饮水过多，会提高体内含水量，极易加重局部浮肿。因此，晨起后最好减少饮水量，不足部分可用豆浆、牛奶、粥等代替。这些流质食物的好处在于，一方面可以补充水分，另一方面还能补充矿物质、优质蛋白质、钙、锌等，可提高人体代谢率，加快多余水分的排出。

3 坚持全面营养

预防浮肿，应当少吃或不吃富含胆固醇及饱和脂肪酸的食物，适量增加水果、蔬菜、鱼类、谷物以及豆制品的摄入量。这些食物有助于消化，增加肠胃蠕动，使肠胃能充分吸收体内水分，形成粪便，将其排出体外，起到一举两得的作用。

4 防治浮肿应当健脾补肾

健脾的目的是为了增强肠胃系统功能，祛除体内湿气。补肾是为了加强肾脏系统功能，使体内多余水分通过尿液排出。

主要食物推荐

冬瓜

在诸家医典中，均记载冬瓜既可充蔬食，又可为果脯，更兼入药疗疾。中医认为，冬瓜味甘淡、性微寒，具有清热化痰、除烦止渴、利尿消肿的作用，对生理性浮肿能起到一定的防治作用。冬瓜中还含有较为丰富的营养成分，如蛋白质、碳水化合物、膳食纤维、胡萝卜素、维生素 B_1、维生素 B_2、维生素 C 和烟酸等，是孩子补充营养的良好食物来源。

黑豆

黑豆为肾之谷，中医认为"常食能补肾益精"，它含有抗氧化成分，能清除损害脏腑细胞的自由基，孩子经常食用可提高肾脏功能，加快体内多余水分的排出。

绿豆

绿豆味甘、性寒，可消暑止渴、清热解毒、利水消肿。不过绿豆不可天天食用，以免造成肠胃过于寒凉而影响消化功能。

海带

海带中含有钾元素以及甘露醇，这两种成分均具有利尿作用，特别是甘露醇，它能提高肾小管对水的吸收，使多余水分通过尿液排出体外。

山药 山药含有丰富的淀粉、脂肪、蛋白质（包含19种氨基酸）、维生素 A、维生素 B_1、维生素 B_2、维生素 C，以及矿物质钙、磷、铁、锌、锰、碘、铬等成分。能健脾补肺、益肾固精，同时又具有收敛作用，可以避免"排水"导致的脱水等问题。

西瓜皮 西瓜皮又称西瓜翠衣，味甘、性凉、无毒。西瓜皮中含有葡萄糖、苹果酸、枸杞碱、磷酸、果糖、蔗糖酶、蛋白质、西红柿素和胡萝卜素等多种营养物质，尤其与瓤连接部分，含有丰富的维生素 C、氨基酸和磷等。这些营养元素有助于维护肾脏功能正常运作，同时又能清热败火，对上火造成的睡眠不良起到间接地改善作用。

红豆 红豆中的营养成分主要为蛋白质、脂肪、碳水化合物、钙、磷、铁、维生素 B_1、维生素 B_2、烟酸等，在为身体提供热量的同时，促进血液循环和大肠蠕动，起到促进排尿、防治浮肿的作用。

黄瓜 黄瓜含有葡萄糖、半乳糖、甘露糖、果糖、木糖、咖啡酸、多种游离氨基酸、脂肪、钙、磷、铁及多种维生素等。不仅可抑制糖转为脂肪，还能促进体内多余水转化为尿液，常食可起到预防浮肿的作用。

土豆 土豆富含无机盐，其中钾元素含量较高，能够维持体内细胞组织间的水分平衡，提高孩子对抗浮肿的能力。

薏米 中医认为，薏米具有健脾利湿、强肾利尿的作用，与温补性食物一同熬汤、煮粥，更利于孩子消化吸收。此外，薏米还能扩张血管，促进血液循环，减少水分在局部长时间堆积，对改善浮肿同样有效。

燕麦片 等粗粮 燕麦片、玉米碴、豆类等粗粮中富含膳食纤维，膳食纤维能吸收体内水分，缩短食物通过肠道的时间，可以间接起到减少水分潴留的作用。除了粗粮外，一些富含膳食纤维的蔬菜、水果也能起到相同作用，如芹菜、南瓜、笋类、蕨菜、菠菜、苹果、菠萝等。

健康早餐方案

方案1 皮蛋瘦肉燕麦粥 + 姜汁黄瓜 + 玉米饼

皮蛋瘦肉燕麦粥

原料：大米 40 克，燕麦片 20 克，瘦肉末 20 克，皮蛋 1/2 个，胡萝卜半根，葱花、香油、盐各适量。

制作方法：

1. 原料洗净，胡萝卜洗净切丝，燕麦片浸泡。

2. 将燕麦和大米放入锅中，加适量水煮粥，待粥将熟时放入瘦肉末、皮蛋、盐，出锅前撒葱花、胡萝卜丝，淋香油即可。

姜汁黄瓜

原料：黄瓜 2 根，生姜、葱花、味精、香油、香醋、白糖、盐各适量。

制作方法：

1. 原料洗净，生姜切成细末，用香醋浸泡 30 分钟。

2. 黄瓜切成细条，用盐拌腌 10 分钟后，挤去多余水分。

3. 在浸泡生姜的香醋中入香油、味精、白糖，淋在黄瓜上，拌匀即成。

方案2 杏仁绿豆粥 + 海苔全麦面包卷

杏仁绿豆粥

原料：大米 50 克，绿豆 20 克，杏仁片、白糖各适量。

制作方法：

1. 绿豆提前浸泡，洗净后入锅，加水适量，大火煮沸。

2. 大米洗净后，放入绿豆汤锅中，再次煮沸后转小火煮至熟烂，出锅前撒上杏仁片，调入白糖即成。

海苔全麦面包卷

原料: 全麦面包4片,海苔2张,芹菜2根,胡萝卜1/2根,蟹足棒、沙拉酱各适量。

制作方法:

1. 每张海苔分为两等份,芹菜烫熟后切成长短适中的段,胡萝卜擦丝后调入少许香油拌匀,蟹足棒撕成丝,面包切去硬边。

2. 取一片面包放在海苔上,涂抹少许沙拉酱,放上芹菜段、胡萝卜丝、蟹足棒,从一端卷起。

3. 海苔卷用接口沾湿,黏住后切成小段即可。

方案3 红豆燕麦饭团 + 黑豆米浆

红豆燕麦饭团

原料: 糯米、糙米各200克,红豆、燕麦片各100克,香油、寿司醋、白芝麻、海苔各适量。

制作方法:

1. 原料洗净,红豆、糙米、糯米各浸泡2个小时;糙米、糯米、红豆提前蒸熟,冷藏备用。

2. 白芝麻炒香、海苔碾碎,二者混合备用;燕麦片煮熟。

3. 将糙米饭、糯米饭、红豆充分加热,混合后加入熟燕麦片、寿司醋,捏成饭团。

4. 在饭团表面均匀地裹上一层芝麻海苔碎,滴少许香油即成。

黑豆米浆

原料：黑豆 50 克，黑米 30 克，枸杞适量。

制作方法：

1. 黑米、黑豆洗净，分别在水中浸泡一夜，黑米水留用。

2. 将黑米和黑豆放入豆浆机或搅拌机中，加入黑米水和适量清水，搅打均匀。

3. 滤渣后放入枸杞，加热饮用。

方案4 栗子燕麦豆浆 + 鸡蛋豆渣饼

栗子燕麦豆浆

原料：黄豆 40 克，生栗子 4 个，燕麦 20 克。

制作方法：

1. 黄豆提前浸泡一夜，栗子去皮后切小块。

2. 将黄豆、燕麦和栗子放入豆浆机或搅拌机中，搅打成浆后滤渣，将豆浆倒入杯中，加热饮用。

鸡蛋豆渣饼

原料：鸡蛋 2 个，豆渣（栗子燕麦豆浆）、葱花、虾皮、面粉、盐、香油、胡椒粉各适量。

制作方法：

1. 将豆渣、面粉放入盆中，打入鸡蛋，倒入少许豆浆，搅拌成稠糊状。

2. 调入葱花、虾皮、盐、胡椒粉、香油，继续搅拌均匀。

3. 锅中热少许油，将适量面糊倒入锅中，摊成饼状，两面煎至金黄即可。

方案 **5** 玉米鸡丝燕麦粥 + 爽口瓜皮 + 馒头

玉米鸡丝燕麦粥

原料： 燕麦片 200 克，鸡胸脯肉 100 克，甜玉米粒 150 克，冬瓜 150 克，香油、胡椒粉、白糖各适量。

制作方法：

1. 将鸡肉用胡椒粉、白糖、香油腌制，隔水蒸熟，冷藏保存，使用时撕成丝。

2. 冬瓜去皮切块，甜玉米粒切碎，锅中加水煮沸。

3. 将冬瓜、甜玉米粒、鸡肉丝、燕麦片倒入锅中，小火煮至黏稠即可。

爽口瓜皮

原料： 西瓜皮、白醋、香油、蒜末、白糖、盐各适量。

制作方法：

1. 西瓜去红瓤和外皮，取白色部分切成条状。

2. 将瓜皮条盛入盘中，调入蒜末、香油、白糖、白醋、盐，拌匀即成。

方案6 薏米山药绿豆粥 + 薄荷番茄苹果沙拉 + 杂粮饼

薏米山药绿豆粥

原料： 薏米30克，小米80克，绿豆20克，山药1/3根，红枣3个。

制作方法：

1. 将薏米、绿豆提前浸泡，洗净后放入锅中。

2. 山药去皮后切丁，与薏米、绿豆、红枣、小米一同放入锅中。

3. 锅中加水适量，大火煮沸后转小火煮至米粒、豆粒开花即成。

薄荷番茄苹果沙拉

原料： 生菜叶5片，苹果（中等）2个，圣女果10个，新鲜薄荷叶20克，原味低脂酸奶1杯（独立包装的小杯），盐、胡椒粉各少许。

制作方法：

1. 原料洗净，薄荷叶切碎，与盐、胡椒粉、酸奶搅拌均匀，调成沙拉酱。

2. 生菜切丝，苹果去核切块，圣女果切成两半。

3. 将蔬果装入盘中，淋上薄荷酸奶沙拉酱，拌匀即成。

杂粮饼

原料：面粉、豆粉、番薯粉、玉米粉、鸡蛋、香菜、甜酱、辣酱、榨菜各适量。

制作方法：

1.取适量面粉、豆粉、番薯粉、玉米粉混合，用水调成糊状，备用。

2.把调好的面糊放在加热好的平底锅中，摊开成面饼状，越薄越好。

3.在摊好的面饼上打上鸡蛋摊匀。

4.注意控制火候，待面饼上的鸡蛋全熟时关火。

5.依照孩子的口味在制作完成的面饼上放上榨菜、香菜、甜酱、辣酱，卷成卷饼即可。

方案7 冬瓜鱼片粥 + 葱香玉米饼

冬瓜鱼片粥

原料：净鱼肉 100 克，冬瓜 300 克，大米 150 克，香菜、生姜、大葱、盐、胡椒粉、香油各适量。

制作方法：

1.原料洗净，鱼肉切成小片，冬瓜去皮切丁，生姜切丝，大葱切碎。

2.大米放入锅中，加水适量，大火煮沸后转小火煮至粥半熟。

3.放入冬瓜丁、鱼片，生姜、葱花，续煮至粥黏稠后，调入盐、胡椒粉、香油，撒香菜段即成。

葱香玉米饼

原料：黏玉米3根，鸡蛋一个、大葱、植物油、盐、淀粉各适量。

制作方法：

1. 黏玉米洗净，用擦板擦成碎末，加入蛋液，调入少许盐、淀粉和葱花，搅拌均匀。

2. 平底锅中热少许油，加适量玉米糊摊成饼状，煎至两面金黄即成。

方案8　面包＋甜面酱拌豆角＋紫菜冬瓜肉末汤

甜面酱拌豆角

原料：四季豆300克，甜面酱50克，大葱、香菜、盐、味精、生姜、大蒜各适量。

制作方法：

1. 香菜择洗干净，切成末；姜洗净，切成末；大蒜剥去外皮，切成末；大葱洗净切末。

2. 豆角切成四分方丁，用开水烫透，捞出放在凉开水中过凉，沥干水分。

3. 锅中热少许油，放入葱末、姜末、蒜末炝锅，速倒入甜面酱炒熟，晾凉后密封保存。

4. 吃时将面酱浇在豆角上，再调入盐、味精、香菜末，拌匀即成。

紫菜冬瓜肉末汤

原料：紫菜 30 克，冬瓜 300 克，瘦猪肉 80 克，鸡蛋 1 个，盐、生姜、酱油、白糖各适量。

制作方法：

1.紫菜洗净，撕成小块；冬瓜去皮洗净，切丁；瘦肉洗净，切成小粒，用酱油拌匀；鸡蛋打散，生姜切片。

2.锅中加水适量，煮沸后放入姜片、冬瓜粒，再次煮沸后弃姜片，加入瘦肉末和紫菜。

3.续煮至肉熟后，加入蛋液、白糖、盐、酱油调味，略煮片刻即成。

方案9 麦片杏仁薄饼＋番茄蜂蜜豆浆

麦片杏仁薄饼

原料：面粉 200 克，麦片 175 克，豆浆 250 毫升，鸡蛋 2 个，发酵粉 1 匙，杏仁碎、白糖、盐、植物油各适量。

制作方法：

1.将鸡蛋打入另一个容器中，调入少许油、杏仁碎和豆浆，搅拌均匀。

2.面粉、麦片、白糖、发酵粉、盐混合，倒入搅好的蛋液，充分搅拌均匀。

3.锅中热少许油，取适量面糊倒入锅中，两面煎成金黄色；吃时可切几片水果摆放在薄饼上。

番茄蜂蜜豆浆

原料：黄豆适量，番茄 2 个，蜂蜜 1 匙。

制作方法：

1. 黄豆浸泡一夜，放入搅拌机或豆浆机中，搅打均匀后滤出豆浆。

2. 豆浆加热，放凉；番茄搅打成汁，与豆浆混合，调入蜂蜜即成。

方案10　双米绿豆饭 + 豆浆 + 蒜泥拌紫茄

双米绿豆饭

原料：大米、小米、绿豆各 50 克。

制作方法：

1. 原料洗净，绿豆浸泡一夜，与大米、小米同放入锅中，加水适量。

2. 大火煮沸后，转小火煮至米豆熟烂即成。

蒜泥拌紫茄

原料：茄子 400 克，大蒜、香菜、红辣椒、白糖、醋、味精、香油、辣椒油各适量。

制作方法：

1. 将茄子洗净切长段，再切成条状；香菜洗净切末；辣椒去蒂洗净，切成末；大蒜剥去蒜衣洗净，拍碎剁成蒜泥。

2. 将茄子上锅蒸熟，稍挤一下水，盛入盘中。

3. 将蒜泥、辣椒末、香菜、白糖、醋、味精、辣椒油、香油拌匀，淋在茄子上即成。